EDGE HAIR CUT

유경원 · 강미영 · 권오혁 · 박수연
이대천 · 전선정 · 정숙희 · 정임전

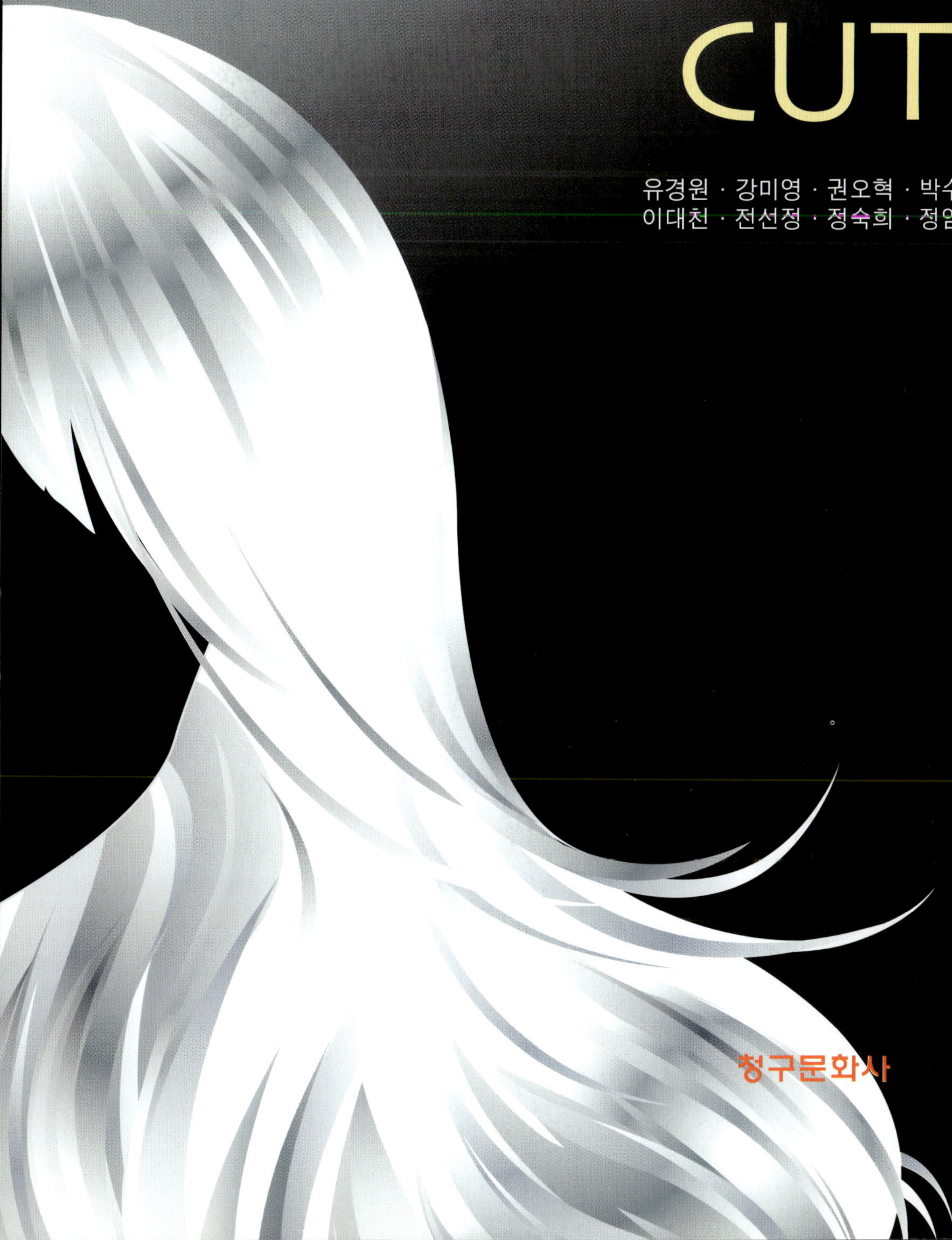

청구문화사

Prologue

헤어커트 강의가 대학에서 체계적으로 시작된 지도 어느새 20년 훌쩍 넘어가고 있다. 그동안 수많은 교재들이 출간되었고 그만큼 헤어커트 강의는 체계화 되어왔다. 그러나 수시로 변하는 트렌드에 따라 현장감을 적용해야만 하는 현실은 항상 과제처럼 주어졌고 앞으로도 변함이 없을 것이다. 헤어디자인에서의 커트는 머리기장의 변화만으로 피시술자의 심리적 변화는 물론 헤어디자인의 초석이라는 사실은 누구도 부정할 수 없다. 따라서 교재를 통한 최대학습효과를 기대하기 위해서는 질적으로는 물론 현실감 있는 텍스트북이 반드시 그리고 절실히 필요하다.

최근에는 살롱교육의 구성자체가 과거와는 달리 헤어커트교육부터 시작되고 있다. 이것은 커트가 디자인의 시작이며 비록 미용견습생 및 초보자들이 고객을 상대로 헤어커트를 바로 시작할 수 없더라도 디자인의 흐름과 맥락은 알고 따라가야 한다는 취지라고 생각한다.

본 교재는 기존교재와 비교하면 그 기본적인 내용은 대동소이하다. 그러나 시대의 흐름에 맞추어 커트디자인의 구조와 원리를 좀 더 체계적이고 현실적인 시각으로 꾸며, 직접적인 실무를 위한 구성에 주안점을 두었다. 그리고 올바른 결론에 도달할 수 있도록 각 구성들을 독립적이면서도 유기적으로 구성하였다.

본 교재의 구성을 보면 총 네 개의 파트로 이루어져 있다.

첫 번째 파트는 커트의 이론에 대한 내용으로 디자인의 원리를 이해하는 장이며 구조그래픽(Structure graphic), 분할론(Section), 단차(Layered)의 이해 등으로 구성되었다.

두 번째 파트는 커트의 기능에 대한 방법론을 제시하는 장으로 커트를 하기위한 워밍업에 해당한다. 가위질 및 빗질과 더불어 현장에서 필요한 직접적인 내용이 기술되어있다.

세 번째 파트는 1, 2파트를 마네킹에 대입 및 응용하는 장으로 베이직커트를 디자인의 절차에 의해 커트를 시행하는 단계이다.

마지막 파트는 커트디자인을 더욱 세밀하게 전체적인 양감과 질감을 연출해내는 테크닉에 관해 기술되어 있으며 그 내용은 베이스(Base)와 볼륨(Volume)의 컨트롤에 관한 내용으로 되어 있다.

이 교재는 그 동안 쌓아왔던 기술적 노하우를 수록한 것이 아니며 지식의 총괄적 나열은 더더욱 아니다. Mannerism에 빠져 관습처럼 굳어진 기존의 헤어커트 기본을 좀 더 이성적이고 논리적으로 풀어놓았을 뿐이다.

오래 동안 마음에 두었던 숙제를 해결한 기분이다. 하지만 아직 부족한 점이 있기 때문에 더욱 좋은 교재가 나올 수 있다는 희망을 가져본다. 앞으로 지속적인 수정보완을 통해 많은 학생들에게 도움이 되도록 할 것을 다짐해본다.

끝으로 이 책이 출간되기까지 도움을 주신 청구문화사 이상태 사장님과 편집관계자들에게 깊이 감사드리며, 마지막으로 한국의 미용이 세계적으로 발전해나가길 진심으로 기원한다.

2014년 새봄

대표저자 유경원

A TABLE OF CONTENTS

part A 이론적 베이직

part B 기술적 베이직

part C 디자인 드릴

Part 1

이론적 베이스

Chapter

CHAPTER 01 _ 커트의 역사

1. 커트의 기원과 유래

커트의 유래는 여러 가지 설이 있으나 가장 유력한 것은 B.C 1900년경 헤브라이(Hebrai)족의 추장이 죄인을 처벌의 방법으로 두발을 삭발했고 머리가 자랄 때까지 범인 자신이 속죄의 기간으로 했던 유래로부터 커트의 역사가 시작 되었다는 것이다. 그 이후에 여러 수세기를 거쳐 인류문화가 발달하면서 동시에 전쟁도 많아지게 되면서 부상자나 환자에 대해 외과적 수술을 위한 치료와 함께 이발이 이루어졌고 의사가 이발과 의사의 직분을 겸하게 되었다. 그 이후 1804년에 프랑스의 나폴레옹의 제1제정 당시에 수많은 인구의 증가와 사회구조가 점차 복잡해지자 이 · 미용원과 병원을 겸할 수 없다고 인식한 나폴레옹 정부의 위정자들은 쟝 바버(Jean Barber)를 통하여 병원과 이 · 미용원을 분리시켜 비로소 역사상 독립할 수 있었다.

1) 1900년대

이 시대의 서양에서는 과학의 발달이 급속도로 이루어진 시기이며 후기 낭만주의의 반박에 대한 리얼리즘과 프랑스 인상파 화가들의 감성은 20세기 시작에 여러모로 영향을 끼쳤으며 피카소나 칸딘스키의 작품들이 이 시대의 헤어디자인의 흐름이었으며 마르셀이 고대기를 발명하여 퍼머넌트 웨이브의 창안에 영향을 주었다. 남성의 헤어커트 스타일은 남성성을 중시하고 댄디한 차림을 선호하는 1900년대 사회경향으로 버슬시대 초반의 긴 앞머리나 가르마 없는 스타일에서 보다 아르누보적인 자연스러움이 가미된 스타일이 전반적으로 유행하였다. 여성의 커트스타일에선 남성의 스타일과 마찬가지로 보다 자유로운 아르누보의 영향을 받았고 대부분의 여성들은 19세기 스타일보다 자연스럽게 내려오는 뱅 스타일을 추구 하였다.

2) 1910년대

1910년대에는 1차 세계대전이 발발하면서 전쟁 후 정치, 경제, 문화적 변화를 겪으면서 여성의 사회적 참여가 본격화되면서 퐁파두르(Pompadour) 스타일이 유행되었고 진보주의적 성격의 쟌다르크 보브 스타일이 유행되었다. 이때는 미디움의 머리 기장에 자연스러운 웨이브의 스타일이 유행이었으며 남성의 경우 짧게 자르기 보다는 포마드를 이용하여 깔끔하게 하였다.

Knot-stitch cape

3) 1920년대

1920년대는 전쟁 후에 남녀 평등을 주장하고자 하는 여성들의 의식에서 생겨난 가르손룩(Garconne look)과 보이시한 스타일이 나타났다. 이때 여성들은 긴 머리에서 다소 짧아진 머리가 나타났었다. 또한 전통적인 여성의 곡선미가 사라지고 심플하고 직선적인 느낌의 실루엣이 유행하면서 쇼트커트는 짧은 형태의 보브 스타일로 처음에는 '싱글' 로 불리다가 후에 미국에서 '보이쉬 보브' 라 불리게 되었다. 이후 보브 스타일에 장식용 모자를 착용함으로서 1920년대의 신여성을 일컫는 말로 플래퍼(Flapper)라는 용어가 생겨나기도 했다.

4) 1930년대

제 1차 세계대전 후 세계는 평화와 번영을 갈망하였고 미국은 경제, 과학, 산업의 성장으로 세계의 주도국가가 되었다. 여성들의 사회참여는 높아지고 사회적으로 여성해방운동과 남녀평등운동이 확산되면서 머리를 짧게 자르는 여성이 증가했다. 서양남성들은 전기이용기구를 사용하여 머리를 짧게 자르거나 '브레상' 스타일의 머리형을 하였다. 여성들은 보브 스타일에 펠트로 만들어진 클로쉐(Crochet) 모자를 착용하였다. 우리나라에서는 1922년에 보브 커트가 들어와 유행하였다.

5) 1940년대

1930년대와는 달리 전쟁으로 인하여 가장을 잃은 경우가 많아 남편을 대신해 가정의 생계를 여성이 책임져야 했기 때문에 여성의 사회진출과 지위가 촉진되던 시기였다. 미용사 역시 생계를 유지하기 위한 하나의 방편이었고 유능하고 성숙되어 보이기 위해 관능적이고 비비드(vivid)한 표현과 미디움의 헤어스타일에 굵은 웨이브 및 금발이나 붉은색의 머리가 유행하였다.

6) 1950년대

세계대전의 영향으로 이 시대에는 승리국인 미국 문화가 중점을 이루었다. 문화의 중심이었던 유럽은 미국으로 이동하였고 대중음악인 Rock'n Roll이 유행하였으며 컬러 영화와 TV의 대중매체로 인해 젊은이들 사이에서 다양한 패션이 급속도로 퍼져 나갔다. 특히, 마릴린 먼로가 즐겨하던 3인치정도의 롤로 만든 버블스 스타일과 오드리 햅번(Audrey Hepburn)의 불규칙한 앞머리에 짧은 머리모양의 픽시(Pixie)커트, 브리짓드 바도르(Brigitte)의 머리카락을 흩트린 스타일도 유행하였다. 그 외에도 시농(cynon)을 하거나 머리카락을 4센치 정도로 잘라서 느슨하게 컷을 한 푸들컷과 어깨까지 내려온 머리끝을 안으로 말은 페이지 보이(Page boy) 보브 컷 등이 유행하였다.

7) 1960년대

1960년대에는 경제가 발전하면서 대중문화와 베이비붐 세대로 젊음이 강조되었고 TV와 영화산업이 발달되었다. 이 당시에 팝아트와 같은 현대감각의 새로운 미술이 성행하면서 낙관적이면서 대중적인 이미지가 강조되었고 유니섹스 룩과 히피 스타일이 나타나면서 미니멀리즘의 헤어 스타일이 등장하였다.

그런 영향속에 비달사순의 짧은 보브컷이 인기가 많았고 여성들이 선호한 헤어 스타일은 크라운이 높고 볼록한 형태의 스타일이였다. 또한 영국의 유명한 비틀즈(Beatles)의 헤어스타일이 보브 컷은 당시 전 세계적으로 인기가 있었다. 그리고 메리퀀트(Mary quant)가 모델 트위(Twiggy)기에게 미니스커트를 입히면서 트위기 커트머리와 미니스커트가 유행하였다.

8) 1970년대

1970년대에는 커트는 그냥 자르는 것이 아닌 기하학적 선을 이용하여 자른다는 개념으로 바뀌면서 비달사순의 등장에 헤어스타일을 독점했다. 보브(Bob) 커트라 불리던 스타일은 일반적 커트보다는 뒤가 약간 길며, 전체적인 느낌이 유니폼 레이어처럼 층이 산만하여 섀기한 커트와 매쉬한 커트가 대표적이다. 전체적인 머리를 앞으로 쏟아서 가볍게 커트를 하여 자연스럽게 웨이브를 준 헤어 스타일에 풀어 진듯한 굵은 웨이브를 표현하였다. 그리고 펑크 스타일의 변형된 커트 또는 디스코 머리에 앞머리와 옆머리의 차이를 두지 않고 굵은 롯드(rod)를 내츄럴한 컬 웨이브를 연출하였으며 헤어스타일의 자유롭고 불규칙한 커트 선을 추구하였다. 또한 머리끝이 바깥쪽을 향하게 커트하여 현대적인 모습에 언밸런스 한 스타일이 등장해 유행하였다.

9) 1980년대

1980년대에는 안정적인 생활수준 향상으로 다양화, 개성화되는 스타일이 추구 되었다. 1980년대 초에는 여대생들이나 직장 여성들을 중심으로 바리캉과 레이저를 병용한 커트인 펑크 헤어 또는 디스코 머리 같은 중성적인 이미지의 헤어가 유행했다. 또한 많은 미용기구들이 출시하기 시작하였고 가위와 바리캉을 이용한 상고머리를 많이 하였다. 1988년 서울 올림픽 이후 다양한 스타일을 추구하였는데 여성들 사이에서 캐쥬얼웨어가 착용되면서 가볍게 풀어 헤친듯한 긴 생머리와 스트레이트 머리가 유행하였고 옆머리는 귀 위로 살짝 치켜서 자르고 뒷머리도 짧게 잘라 뒤쪽을 강조하는 도회적인 모습이 돋보이는 스타일이 등장하였다.1980년대 후반에 들어서서 여자의 머리기장이 짧아지면서 유니섹스(uni-sex)한 스타일이 성행하였다.

10) 1990년대

비달사순(Vidal sasoon)의 90년대 작품들은 1970년대 히피 스타일을 토대로 하여 1980년대와는 또 다른 스타일로 창조되었으며 유행을 뛰어넘는 새로운 시각에 의한 관찰방식의 사고를 추구하였다. 비달사순등장 이후 세계적으로 명성을 날리는 헤어 아티스트들이 두각을 나타내었다. 또한 포스트 모더니즘(Post-modernism)의 영향으로 인해 형태에 대한 고정관념이 깨어져 다양한 커트 스타일이 등장하였다. 특히 무거운 느낌의 커트보다는 점점 가벼워졌다. 1990년대 후반 우리나라에서는 층이 많이 나면서 액티베이트(activated)한 질감과 활동적인 느낌의 커트가 많이 나타났으며 두상의 표현이 두드러지며 스트록 커트가 유행하기 시작하였다. 이러한 기법이 유행하면서 모발의 선이 가늘어지고 부드러워진 질감의 커트가 두각을 나타내면서 동시에 블리치(Bleach)와 부분염색 및 밝은 컬러가 두드러졌다.

11) 2000년대

2000년대 들어서 정보통신의 발달과 매스매디어(mass- media)로 인해 스타일에 대한 정보에 대한 공유가 활발해 진 시기이다. 유행의 흐름이 빠르면서도 자신의 개성을 중시하는 경향이 있었으며 커트스타일의 재발견을 통해 과거의 유행했던 스타일이 좀 더 자연스러워지는 커트가 등장하였다. 주로 단발머리의 다양한 표현과 더불어 자연스러운 웨이브의 조합이 눈길을 끌었다. 층의 흐름은 급격함에서 완만해 졌으며 자연스러운 앞머리 표현으로 젊은 느낌의 머리를 연출하였다. 2000년대 후반에 들어서 헤어스타일은 층은 낮아지고 다시 단발이 많이 등장하며 내츄럴한 브라운컬러가 유행하였다.

CHAPTER 02 _ 헤어커트디자인

1. 헤어커팅의 개념

헤어도구인 가위와 빗을 사용하여 두상의 경단백질인 머리카락을 자르거나 원하는 형태로 조각하는 행위를 말하며 점, 선, 면, 각도, 모양, 형태 등의 디자인적 원리의 테두리 안에서 덩어리들을 세분화하여 정리하는 일련의 과정을 통한 총체적 행위를 의미한다.

2. 헤어커팅의 목적

커트디자인의 원리를 이론적으로 학습하고 모든 커트결과를 예측하고 스타일을 만들 수 있도록 여러 가지 표현기법을 몸으로 체득하여 의도한 스타일을 만들 수 있는 능력을 배양하는 것이다.

3. 헤어커팅디자인의 구성 요소

1) 커트디자인의 구성

모든 디자인에서의 주요 구성요소는 크게 형태, 질감, 색 크게 3가지로 구분한다. 하지만 헤어디자인은 형태를 비롯하여 양감과 질감의 비중을 크게 두며 여기에 색(Color), 즉 염색이라는 과정을 거쳐 디자인을 완성하는 단계를 가진다. 먼저 헤어커팅에서의 디자인이 갖는 구성요소를 알아보면 형태를 이루는 단계는 점이 모여 선을 이루고 선이 모여 면이 되고 면이 모여 입체를 완성하는 점층적 구조를 가지고 있다.

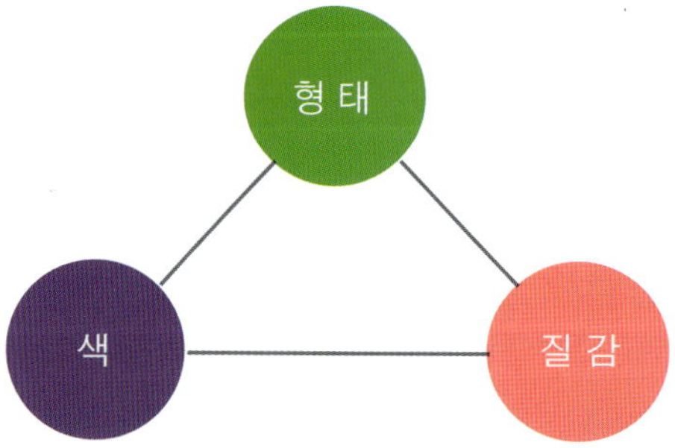

2) 구성요소

(1) **점(Point)** – 19개의 두상포인트에서의 위치에 따른 기점을 통하여 파팅과 섹션 등을 파악하는데 기준이 되는 중요한 시작점이다.

(2) **선(Line)** – 두상에서의 섹션, 파팅, 커트라인, 페이스라인, 네이프 라인, 햄라인 등의 분할에 따른 선을 응용할 수 있도록 하며 선의 구분 안에서 자연적인 선의 분배와 인위적인 선의 분배 등을 활용할 수 있다.

(3) **면(Surface)** – 헤어디자인에서 면이란 두상의 구역이나 지역으로 파악할 수 있으며 두상골격에서의 각 특징별로 나뉘어 지고 수평 또는 수직의 라운드 선을 활용해 구역을 구분하여 작업시 효율적으로 할 수 있다.

(4) **각도(Angle)** – 각도는 크게 두상의 각도와 전체축의 각도로 나눌 수 있다. 이 각도를 기준으로 하여 라인과 방향성을 결정하게 되며 커팅라인의 균형을 유지할 수 있다.

(5) **형태(Form)** – 헤어스타일의 전체를 말하며 입체적인 공간감과 더불어 양적인 그리고 질감적인 부분이 눈에 들어오는 것을 말한다.

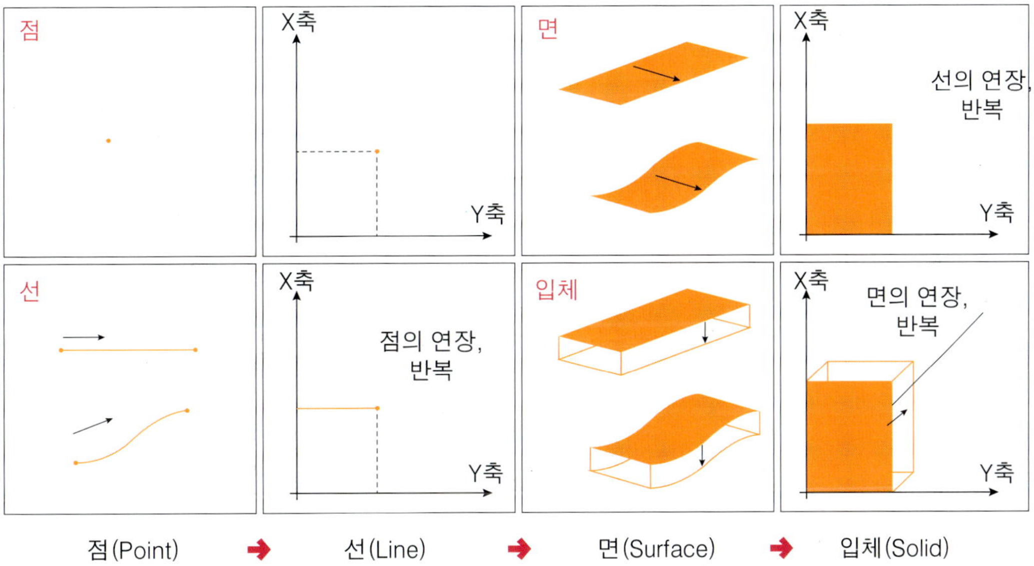

〈점, 선, 면의 의미를 디자인, 수학적으로 비교한 그림〉

CHAPTER 03 _ 두상분할시스템

1. 두상의 구조와 존의 분석

1) 두상의 구조

총 6개의 영역으로 나뉘어 질 수 있고 각 영역이 커트스타일과 유기적이고 예민하게 맞물려 있다. 또한 각 두상파트의 모발움직임과 곡면과 평면의 구조를 이해하면 커트구조 및 형태를 이해하기 쉽다.

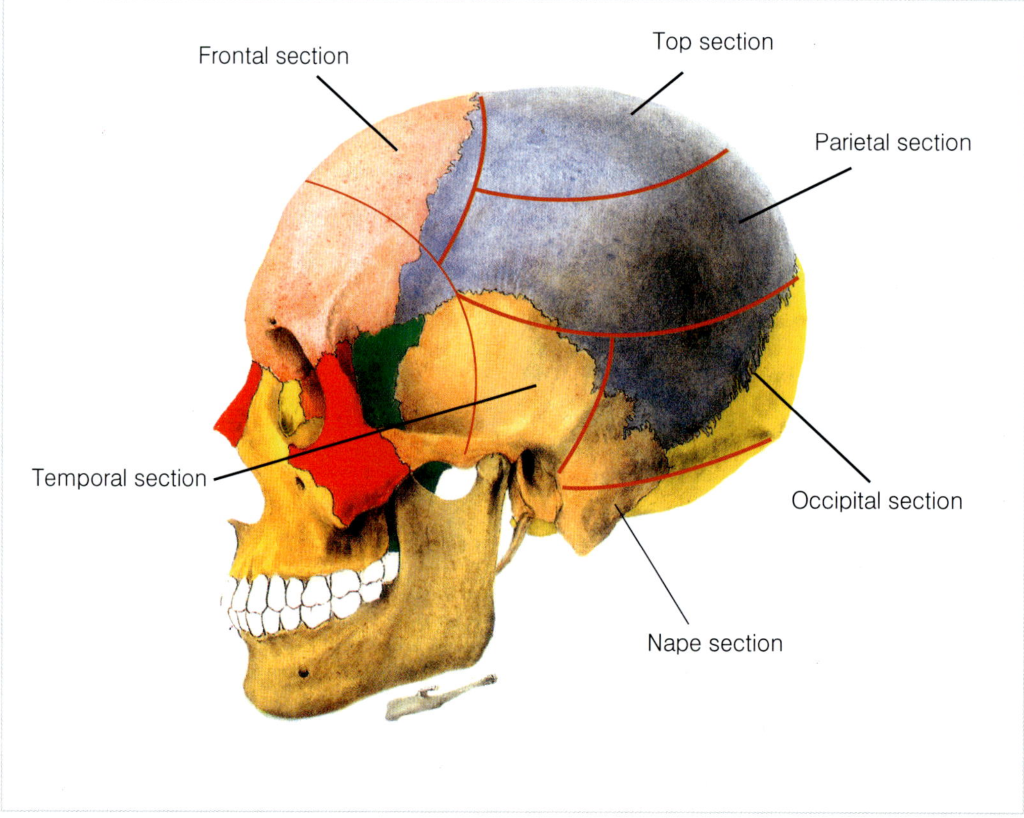

2) 각 섹션의 특징 및 기능

섹 션	특징 및 기능
톱(Top)	디자인의 표면에 해당하며 율동감과 질감에 관여한다. 얼굴이 표정을 짓듯이 커트디자인에 있어서의 질감이라고 생각하면 이해하기 쉽다.
파리에틀 (Parietal)	가마의 영향을 받는 부분으로 율동감이 표현되며 스타일 전체의 양감에도 크게 영향을 받는다.
오씨피틀 (Occipital)	남성커트나 쇼트스타일이 아닌 이상 표면적으로 드러나지 않으나 양감으로서 형태의 쉐입에 관여한다.
템포럴 (Temporal)	광대, 턱 그리고 관자(눈주위)에 영향을 주어 인상을 무거운 또는 가벼운 이미지를 만드는 중요한 부분이며 주로 양감을 조절하여 인상을 바꿀 수 있다.
네이프 (Nape)	백 프리미터의 이미지 라인을 만들고 네이프 라인이 짧을수록 두상의 형태의 완성에 기여하는 부분이다.
프론탈 (Frontal)	얼굴의 이미지 라인을 만드는 아주 중요한 부분으로 보통 트라이앵글 섹션으로 나뉜다.

2. 두상의 응용 포인트

1) 각 지점의 용어

헤어디자인을 하는 사람들의 약속된 언어로서 각 주요지점들을 알고 있으면 시술이 용이 할 뿐 아니라 디자인을 만들 때 각 패널각도의 흐름이 각 두상 포인트의 영향을 받으므로 매우 중요하며 의사소통과도 같은 것이므로 확실히 암기해 두도록 한다.

2) 각 지점의 기호와 명칭

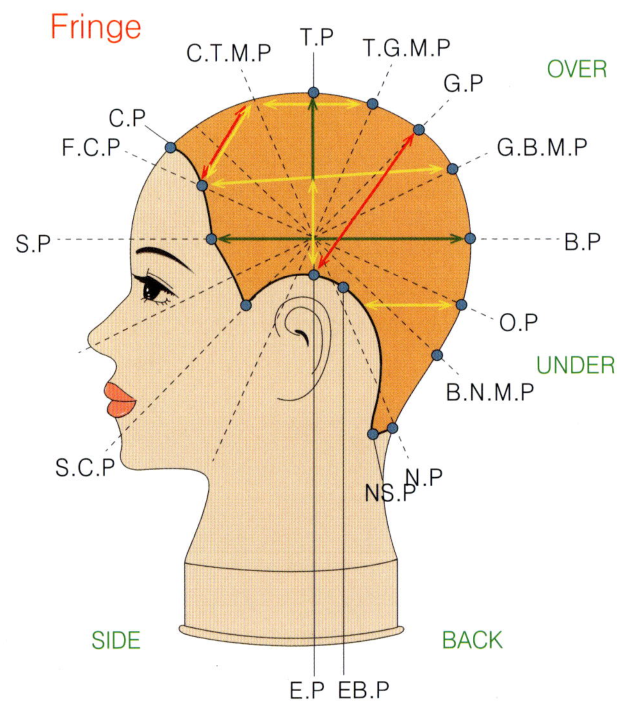

(1) 정중선(median line)에 따른 지점

번호	영문약자	명칭	지점설명	디자인분류
1	C.P	센터/포인트 center/point	페이스 라인의 중심에서 머리카락이 난 지점	앞머리 디자인 (Fringe design)
2	C.T.M.P	센터/톱/미디움/포인트 center/top/medium/ point	센터와 탑의 중간으로 앞머리디자인의 적정지점	앞머리 포인트 (Bang point)
3	T.P	탑/포인트 top/point	두상의 가장 높은 지점	전체 층의 높낮이와 전반적 길이의 디자인
4	T.G.M.P	탑/골든/미디움/포인트 top/golden/medium/ point	탑과 골든의 중간지점	볼륨의 제일 높은 지점
5	G.P	골든/포인트 golden/point	천체축을 턱선끝으로 45도 우,상향으로 대입하여 정중선으로 연결한 지점	볼륨의 중간지점
6	G.B.M.P	골든/백/미디움/포인트 golden/back/medium/point	골든과 백의 중간지점	볼륨의 시작지점으로 무게중심의 전환점
7	B.P	백/포인트 back/point	양쪽 이어포인트를 수평으로 연결한 지점	무게중심과 양감의 1/2
8	O.P	오씨피탈/포인트 occipital/point	백포인트에서 약 1.5센티 아래 지점의 볼록한 뼈	목선의 두께 조절부분
9	B.N.M.P	백/네이프/미디움/포인트 back/nape/medium/point	백과 네이프의 중간지점	언더라인의 형과 두께를 결정
10	N.P	네이프/포인트 nape/point	네이프라인의 중심	뒷머리 디자인과 프리미터라인 결정

(2) 햄라인(Hemline) = 페이스(Face)라인 + 이어(Ear)라인 + 네이프(Nape)라인의 연결에 따른 지점

번호	영문약자	명칭	지점설명	디자인분류
11	F.S.P	프론트/사이드/포인트 front/side/ point	눈썹의 가장 높은 곳에서 페이스라인의 들어간 지점	앞머리의 폭, 정면과 측면의 연결점
12	S.P	사이드/포인트 side/point	페이스라인의 관자부위(Temporal region) 지점	페이스라인의 무게,옆머리디자인
13	S.C.P	사이드/코너/포인트 side/corner/ point	페이스라인의 귀밑지점	페이스라인의 기장결정
14	E.P	이어/포인트 ear/point	귀의 가장 꼭대기지점	측면과 후면의 디자인라인의 선택적 결정
15	E.B.P	이어/백/포인트 ear/back/point	귀의 뒤쪽 중간 이어라인과 만나는 지점	멀티플디자인라인의 중간지점
16	N.S.P	네이프/사이드/포인트 nape/side/point	목덜미라인의 양쪽 끝 지점	뒷머리디자인 및 전체 기장의 설정

Tip 주요 포인트를 쉽게 찾는 방법(천체축을 이용한 방법)

1. G.P(골든 포인트) 찾기

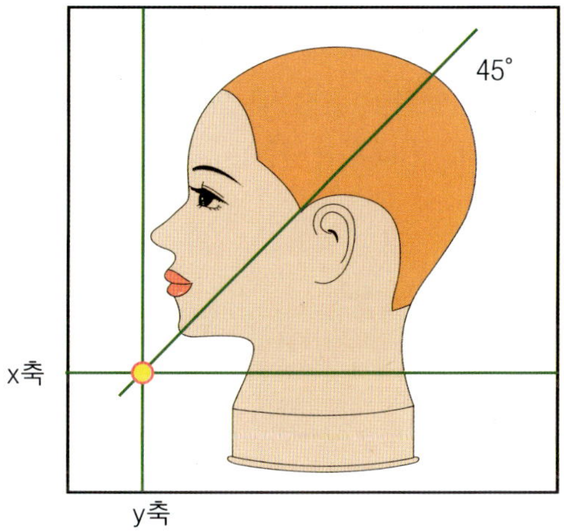

골든 포인트를 찾기위한 쉬운 방법은 턱선에서 천체축의 중심에서 우.상향 또는 좌.상향으로 45도의 연장선을 이어주면 거의 골든포인트와 일치한다.

2. B.P백 포인트 와 T.P 탑 포인트 찾기

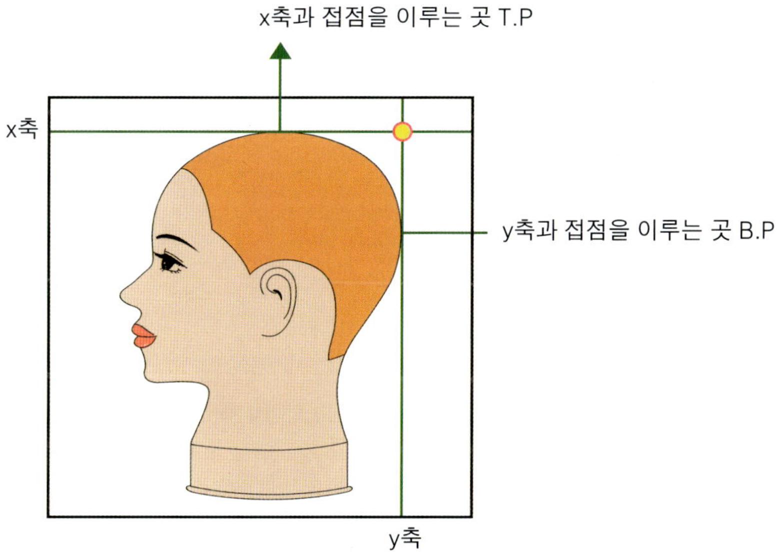

CHAPTER 04_도해도의 이해

1. 도해도의 개념

헤어디자인을 시술하기 전 계획과 그래픽으로 미리 구상을 하여 작업의 실수가 없도록 하는 초기과정이라고 할 수 있다. 또한 헤어작품이나 사진을 보고 도해도로 분석하여 디자인의 응용작업을 해 나갈 수 있다. 도해도는 회화나 공예의 밑그림 그리고 제품의 설계나 건축시공의 설계도면과 같다.

	베이직 도해도	시술 도해도	웨이트기점(예측적결과)
원렝스 (One length)	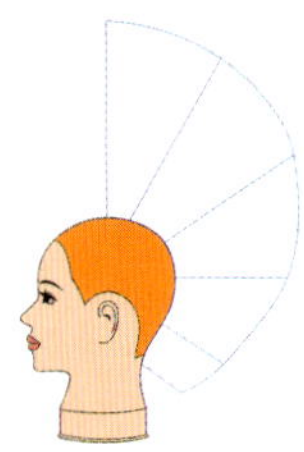	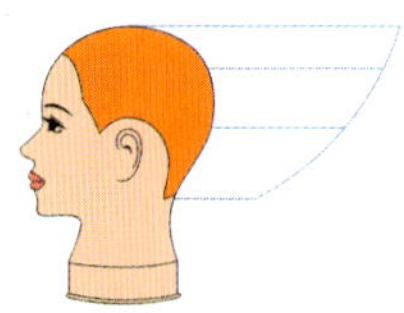	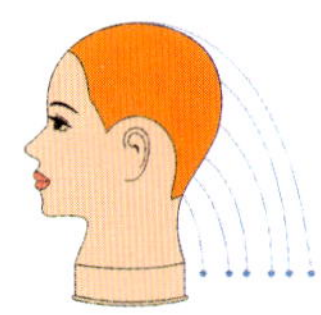
그래쥬에이션 (Graduation)	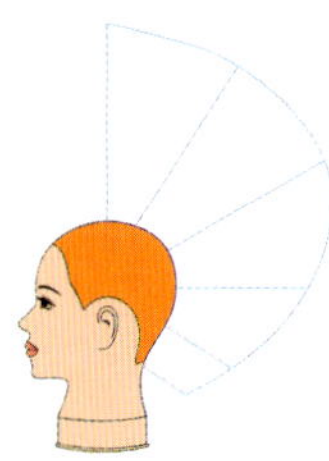	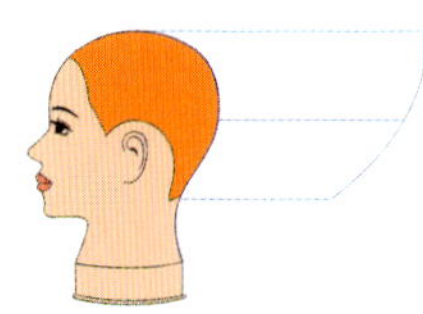	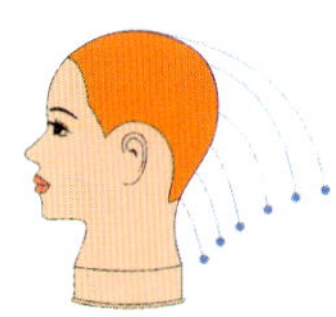
유니폼 레이어 (Uniformly layered)	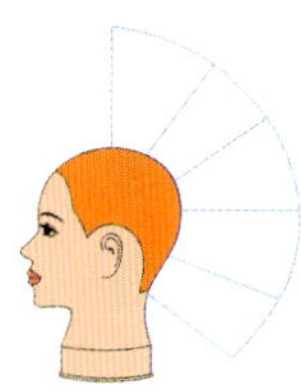	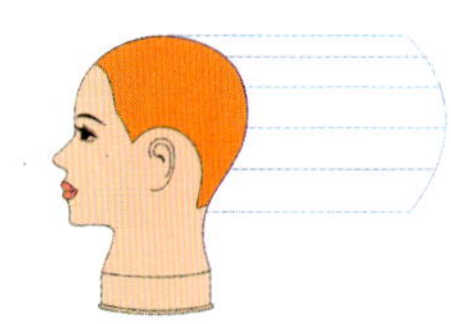	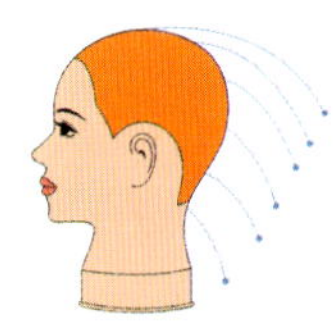
인크리스 레이어 (Increase layered)	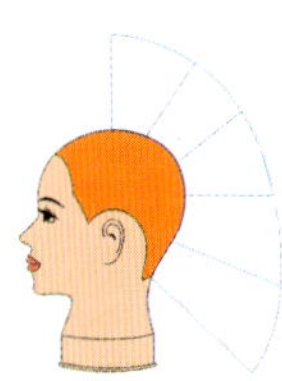	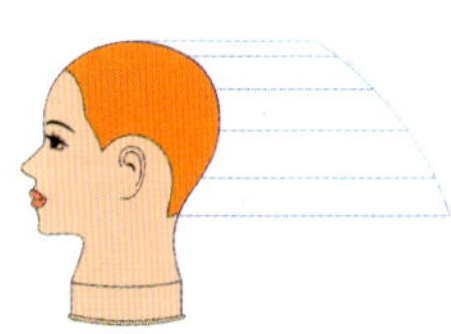	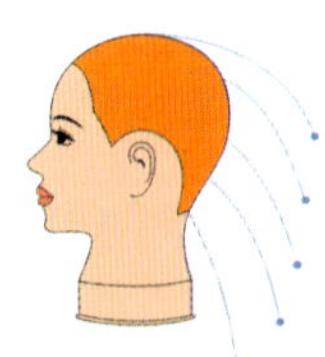

* 펼쳐지는 피봇 포인트식 도해도를 간소화하는 과정을 보여준다. 커트 시에 사용되는 머리곡선을 따라 배열된 머리길이의 비율관계를 나타내는 도식. 이 그래픽은 최종 커트의 청사진 역할을 한다.

2. 도해도의 종류

1) 베이직 도해도(두상각 90도)

베이직 도해도는 각 위치의 모든 모발을 두상의 각을 중심으로 펼쳐진 구조 그래픽이며 모든 두상의 곡면의 직각이 되는 위치의 모발라인을 모두 연결하여 만든 것이다. 이 도해도를 보고 모발의 흐름을 읽을 수 있다.

원렝스

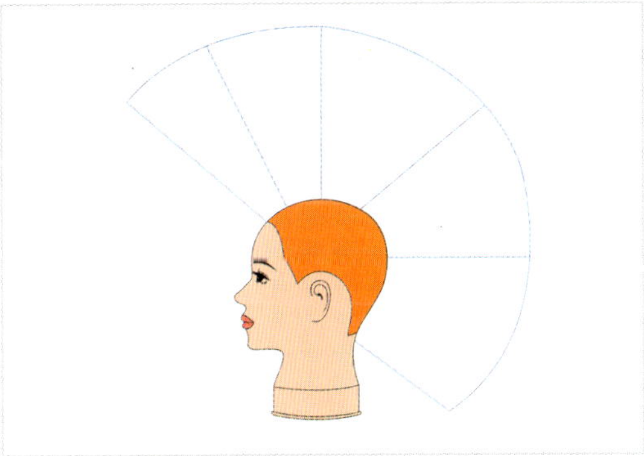

그래쥬에이션

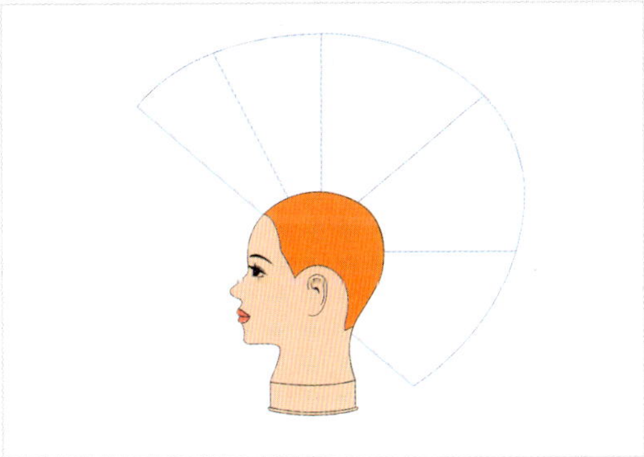

유니폼 레이어

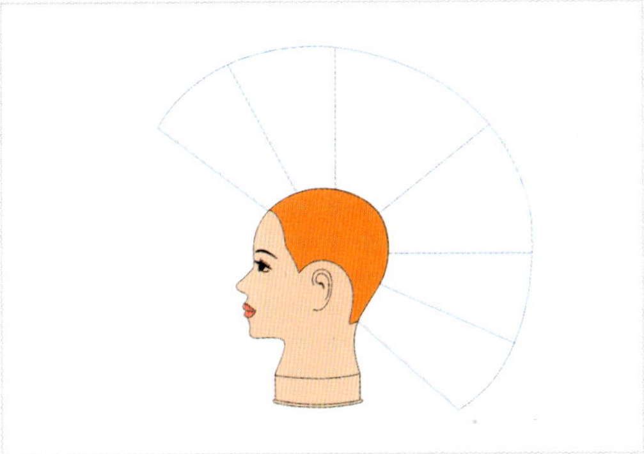

인크리스 레이어

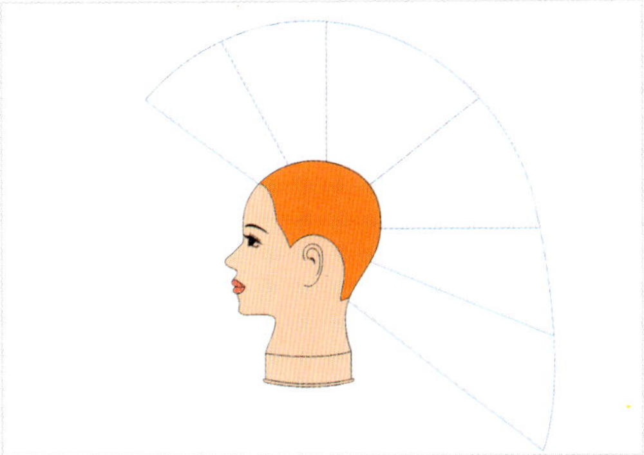

종 류	특 징
원렝스	층이 없으므로 정적이고 직선적이며 전체적인 느낌이 주는 인상은 딱딱하다.
그래쥬에이션	원렝스의 딱딱함보다 한 층 부드럽고 둥근 모양의 볼록한 느낌이다.
유니폼 레이어	모든 위치에서 층이 다 있기 때문에 가벼운 느낌이 들 수도 있으나 주위가 산만하여 디자인적인 느낌은 다소 반감될 수 있다.
인크리스 레이어	층이 급격하기 때문에 야성적이고 매우 활동적인 느낌이 들며 얼굴형이 길어 보일 수 있다.

2) 기술적 도해도

이론적 도해도를 실제로 커팅을 하기 위한 그래픽구조이다. 스퀘어 레이어를 기준으로 하며 인레이어(그래쥬에이션)와 아웃레이어(인크리스)형을 조합하여 다양한 디자인을 만들 수 있다. 여기서 스퀘어(Square)는 지표면(0°)에서 가상의 수직선을 두상의 후면에 세워 인레이어와 아웃레이어의 변화를 쉽게 관찰 할 수 있다.

스퀘어 레이어(Square)

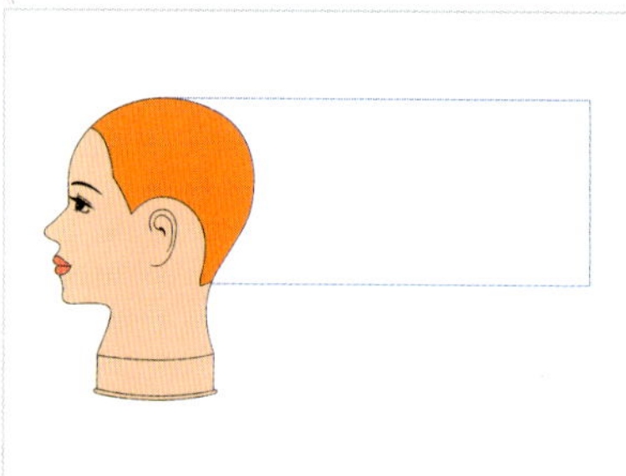

인레이어(그래쥬에이션)

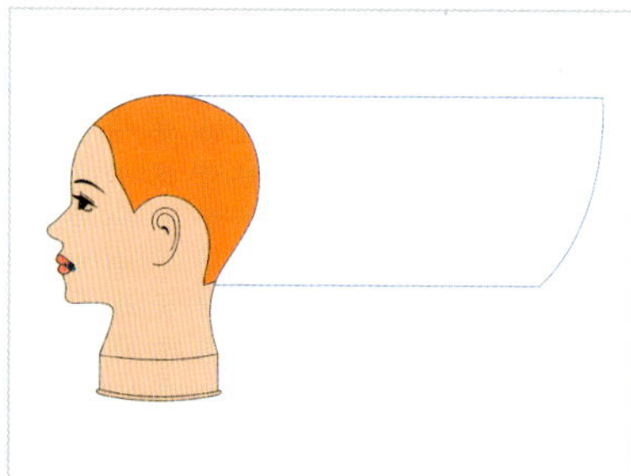

아웃 레이어(인크리스)

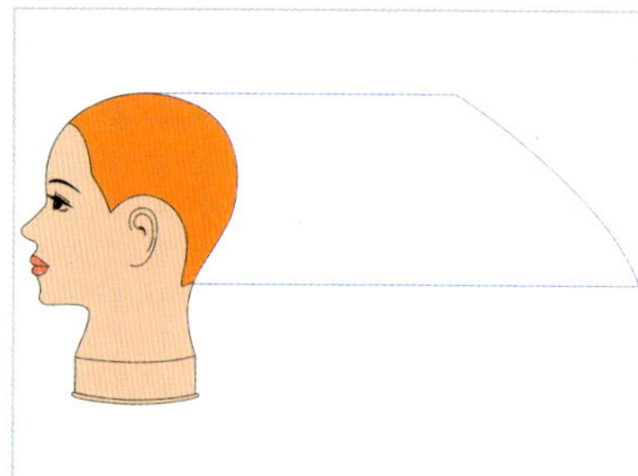

오목 혼합형(Concave)

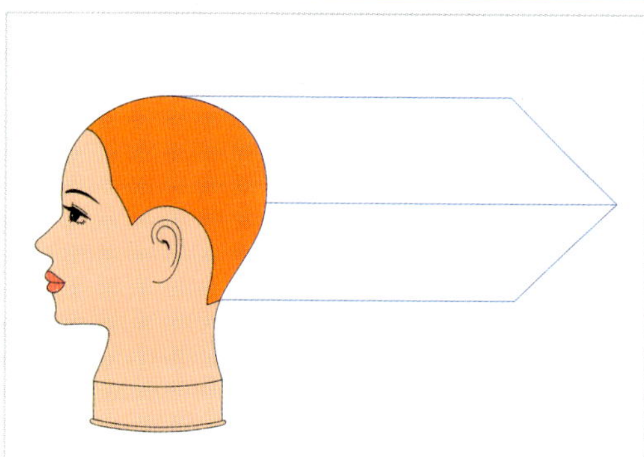

인레이어 + 아웃레이어

볼록 혼합형(Convex)

아웃레이어 + 인레이어

CHAPTER 05 _ 베이스(Base)와 각도(Angle)

1. 베이스의 이론(당김성 원리)

베이스를 사용하는 첫 번째 목적은 층의 흐름, 즉 천체 축 중심으로 기울기를 주기 위한 것으로서 층이 주는 미적인 효과를 기대할 수 있다. 안정된 흐름의 U라인과 완만한 경사 및 급경사 등의 흐름을 만들 수 있다.

두 번째로는 햄(Hem)라인을 따라 기장이 무너질 경우 사이드의 프리미터라인을 베이스를 이용하여 네이프의 프리미터라인과 동일한 길이로 유지할 수 있다.

베이스의 종류는 다양하나 실질적으로 많이 쓰이는 베이스로 세로축 베이스에서는 온 너 베이스와 사이드 베이스 그리고 오프 더 베이스가 있으며 가로축 베이스로는 온 베이스와 업 베이스 그리고 다운베이스가 있다.

2. 세로축 베이스(Vertical base)

세로축 베이스는 베이직 도해도에서 층의 높낮이를 한 눈에 알 수 있도록 해주며 당김성의 원리에 의해 층의 흐름을 계산하도록 하는 베이스이다.

1) 온 더 베이스(On the base)

패널 양 측의 중심에 모여 접점을 이루는 베이스를 말한다. 이때 베이스의 모양이 양쪽 변의 길이가 같은 이등변삼각형을 이루면 온 더 베이스이다. 이러한 형태로 자르게 되면 결과적으로 베이스 폭이 균일하며 약간의 U라인이 발생한다.

층의 기울기가 발생하지 않아 안정감이 느껴지는 베이스이다.

베이스 모양	두상 내 모양	특징
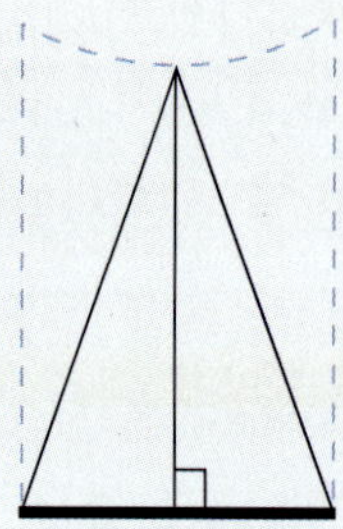	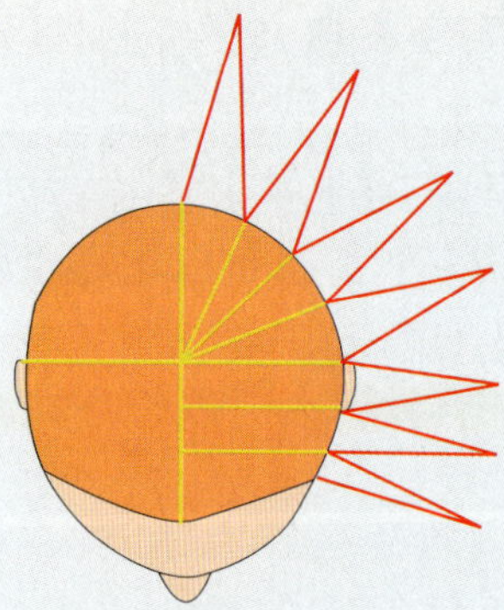	· 파팅의 중간이 직각을 이룬 형태 · 이등변삼각형을 유지 · 양변의 길이가 동일함 · 'U'라인을 형성

2) 사이드 베이스(Side base)

사이드 베이스란 양변의 접점이 한쪽변에서 이루어지는 베이스를 말한다. 어느쪽이든 한변에만 위치해 있기 때문에 일정하게 한쪽이 길어지는 계산을 할 수 있다. 결국 한쪽으로의 층의 긴장감을 주기 위한 효과이다.

베이스 모양	두상 내 모양	특징
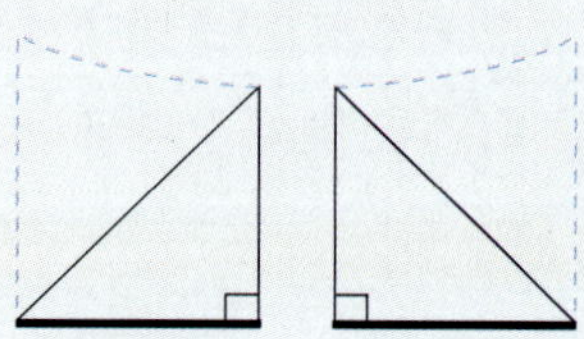	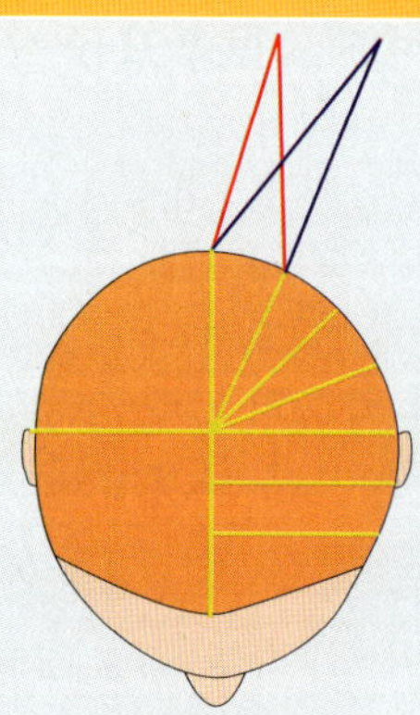	· 좌,우의 당겨진 부분이 직각 삼각형을 이룸 · 일정하게 한 쪽이 길어짐 · 기준패널에서 층의 흐름을 점차 줄 때 용이하게 쓰임

3) 오프 더 베이스(Off the base)

오프 더 베이스란 양 변의 접점이 벗어난 곳에 위치하는 베이스로서 어느 정도까지의 급격한 흐름을 줄 뿐만 아니라 오버 다이렉션(over direction) 함으로서 햄라인(hemline)으로부터 프리미터라인을 유지 시킬 수 있는 효과적인 방법이다.

베이스 모양	두상 내 모양	특징
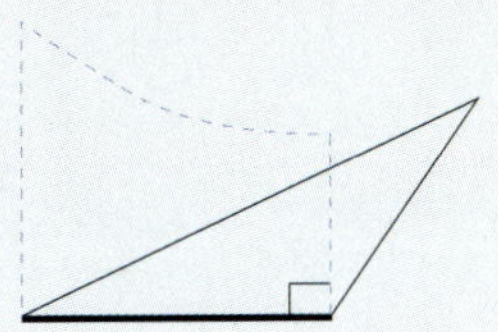	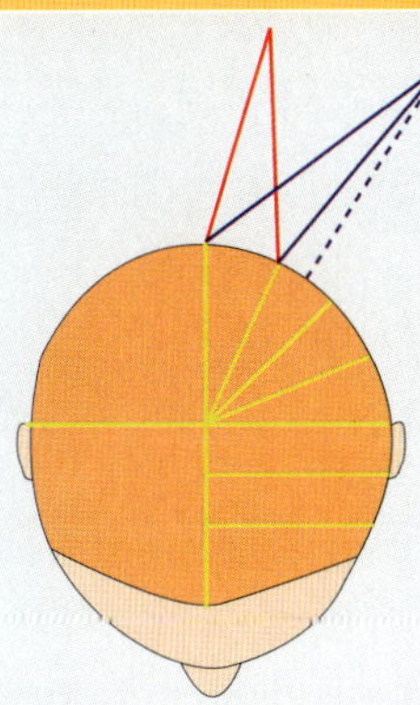	· 파팅선을 벗어난다. · 어느 한계선 안에서의 큰 길이차 형성 · 측면과 후면을 연결 할 때 쓰이면 유용함

3. 가로축 베이스

호리존틀 파팅에 대한 베이스이며 위 · 아래의 패널의 움직임으로 층의 높고 낮음을 나타낼 수 있다.

1) 온 베이스(On base)

두상의 각도를 기준으로 수평 파팅에서 상하의 중심으로 향해 있는 베이스이다.

베이스 모양	두상 내 모양	특징
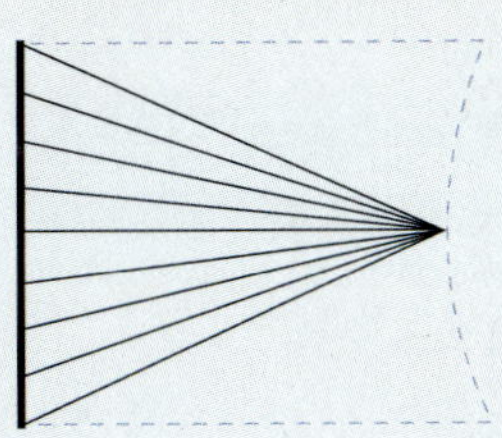	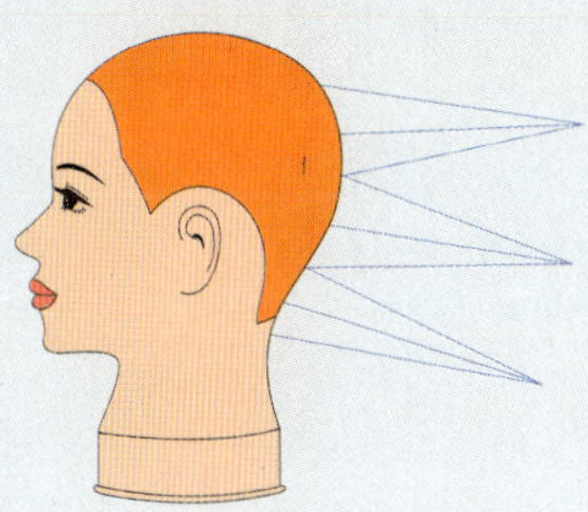	· 파팅 안 중앙이 직각을 이룸 · 위와 아래의 변이 동일함 · 가운데의 길이가 짧아짐

2) 업 베이스(Up base)

패널 안에서 위쪽의 파팅라인이 직각이 되도록 아래의 모발을 들어올려서 자르는 베이스이다. 특히 빗질의 기준이 한 쪽면이므로 한쪽 빗질로 기준을 명확히 설정할 수 있어 시술이 용이하다.

베이스 모양	두상 내 모양	특징
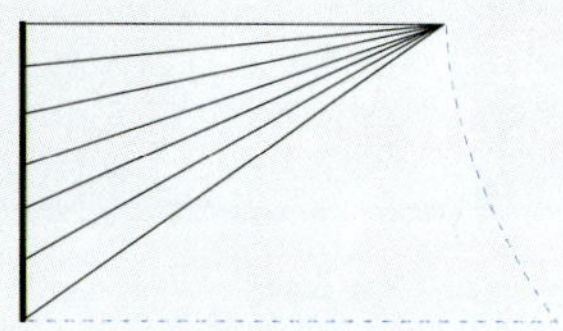	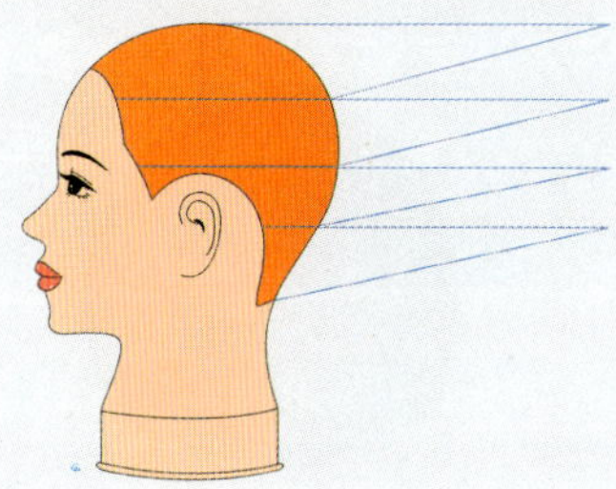	· 하부의 모발이 길어짐 · 아웃레이어가 형성됨 · 커팅하고 나면 뻗치기 쉽다.

3) 다운 베이스(Down base)

패널의 아래 모발의 각도로 다운하여 커트하며 아래의 모발만 짧게 잘려진다. 잘 이용하면 유용할 수 있으나 빗질이 중력의 영향을 받고 있기 때문에 상단의 패널들이 깔끔하게 삼각형을 유지하기 어려우므로 주의해야 한다.

베이스 모양	두상 내 모양	특징
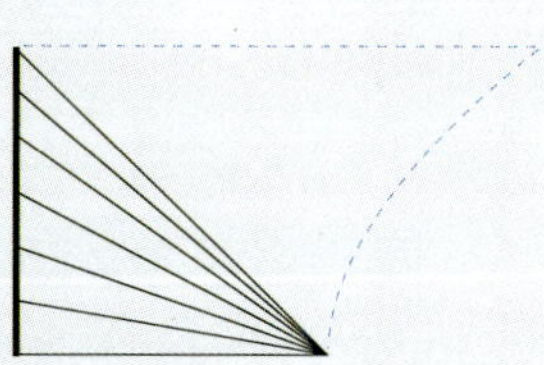	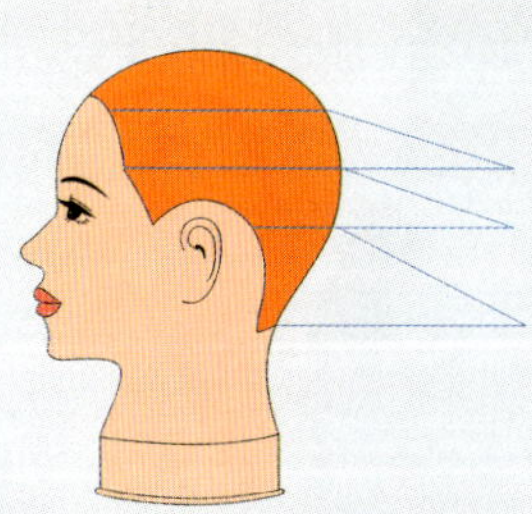	· 인레이어(그래쥬에이션)의 표현에 적합 · 위의 모발이 길게 표현됨

4. 각도(The angle)

각도란 기준점이 되는 약속된 각도에 의해 형태의 무게감 또는 층의 떨어짐을 설정할 수 있는 지표이다. 각도에는 전체적인 흐름을 설정할 때 쓰이는 천체축의 각도와 두상의 곡면을 분할하여 만든 90도 각도가 있는데 이를 가위와 빗 그리고 신체각도를 대입하여 자연스럽게 각도를 체득하여야 한다.

1) 두상각(Head Angle, 90도, H · A)

입체인 두상에서 각각의 곡선과 가상의 직선이 만나는 90도를 두상각이라고 한다. 이는 유니폼 레이어에 응용이 될 수 있고 어떠한 시술각의 기준을 세워주는 유용한 각도이다.

두상각을 측정할 수 있는 방법은 빗을 사용한 분배방법으로서 둥근 두상의 접점을 만들어 수직으로 두피와 평행의 상태로 들어 올려주면 된다.

두피각도

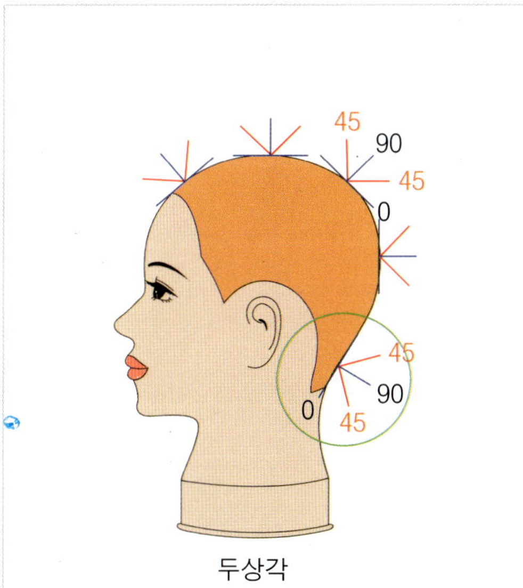

두상각

두상의 패널각도

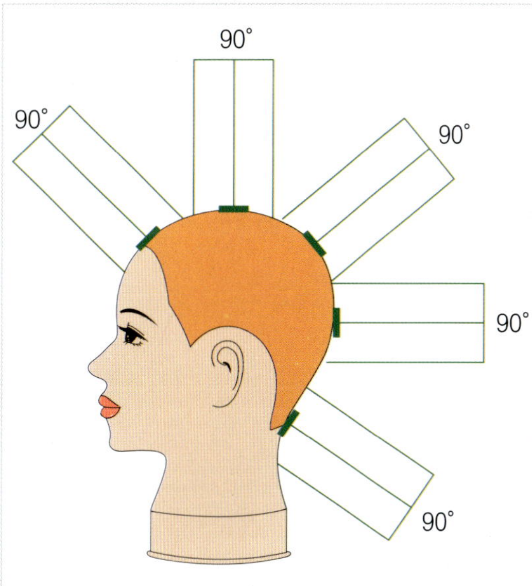

2) 천체축(Celestial Axis, C · A)

천체축이란 선(수평선, 수직선, 좌우대각선), 방향(위, 아래, 앞, 뒤, 왼쪽, 오른쪽), 시술각(0도, 45도, 90도)을 나타내기 위하여 사용되는 기호를 말한다. 천체축은 커트라인 및 모든 라인의 기준이 되며 전체적인 균형과 라인의 정확도를 위한 포괄적 측정수단이 된다.

이는 두 가지 스타일의 각도가 있다. 하나는 수직과 수평선은 어느 곳이 0도가 되냐에 따라 그 다음 목표의 설정각이 90도까지 나타나는 개념이고, 다른 하나는 0도를 중력의 방향으로 하나만 설정한 후 0도에서 180도 까지를 나타낸다는 것인데 중요한 사실은 서로 마주보는 각도의 합이 각 각 90도 그리고 180도인 것이다.

모든 사선을 45°로 설정한 천체각

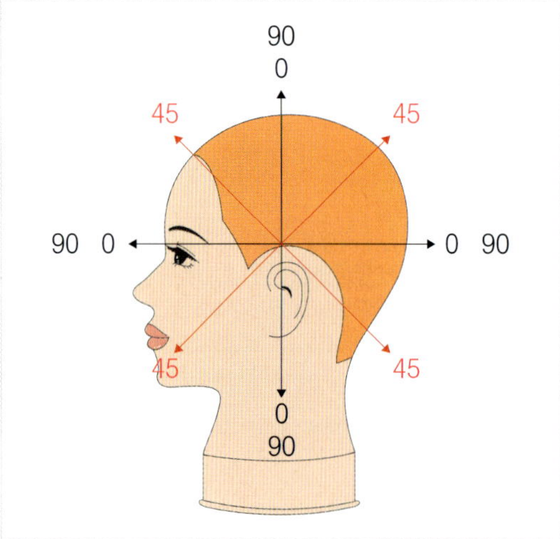

0°를 기준점으로 설정한 천체각

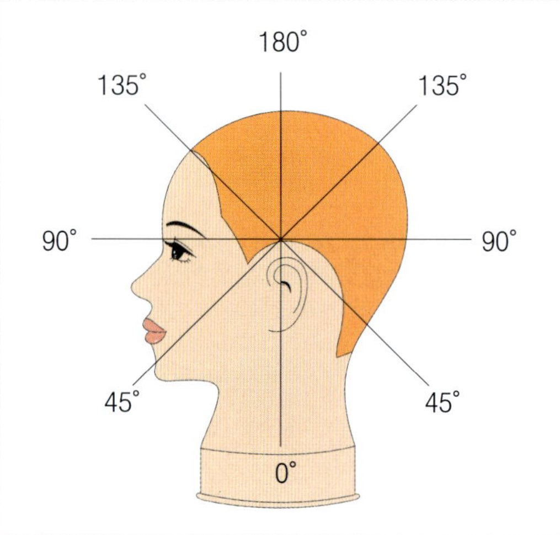

3) 시술각도(Projection) 및 핑거 포지션(Finger position)

시술각도란 커트시술 시 도해도상의 스퀘어 레이어, 아웃 레이어, 인레이어의 각도를 잡기 위한 핑거 포지션(Finger position)의 각도를 말하며 결국 층의 무겁고 가벼움을 결정하기 위한 손의 패널각도에 의해 무게(Weight)가 쌓이는 기점을 정할 수 있다.

오버 섹션(over section)

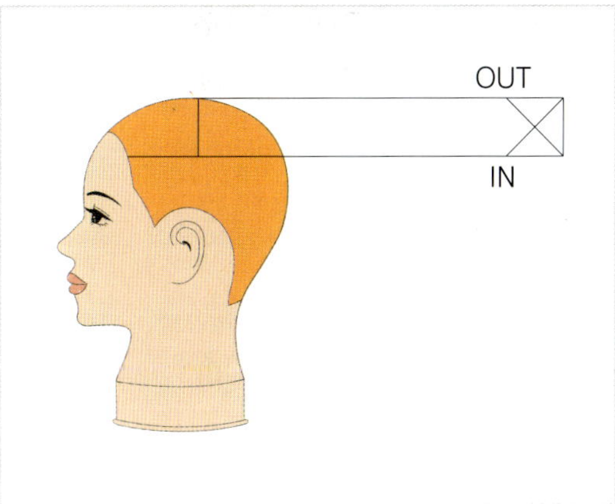

미들 섹션(middle section)

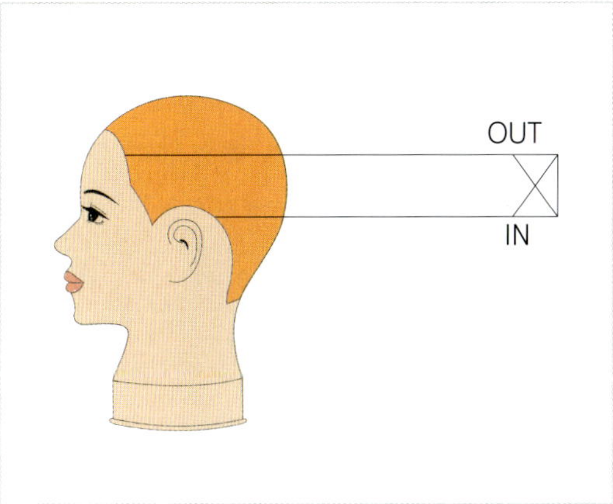

언더 섹션(under section)

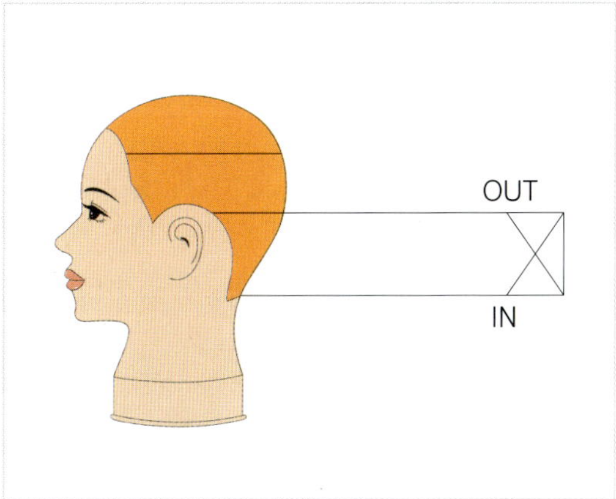

CHAPTER 06_ 커팅을 위한 섹션(분할)

1. 2섹션(2 section)

1) 2섹션의 디자인 법칙

헤어커트의 기본적인 법칙으로서 리세션(Recession)라인을 중심으로 언더존의 2차원적인 실루엣과 오버존의 율동감과 볼륨감 있는 3차원적인 층의 형태의 결합으로써 스타일이 완성된다고 볼 수 있다. 또한 경우에 따라서 이어 투 이어포인트(E.P to E.P)로 전면과 후면을 나누어 디자인 할 수도 있다.

* 리세션(Recession)이란? F.S.P에서 후두부의 정중선 중 N.P에서부터 8부능선(8th)을 양쪽으로 연결한 분할선을 말한다.

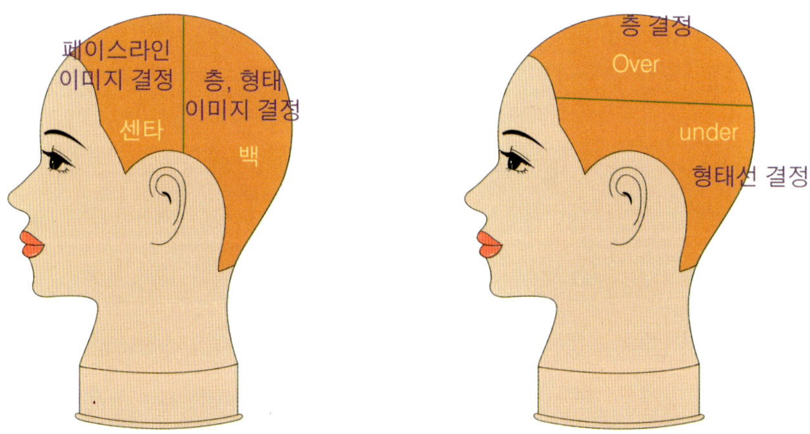

이어 to 이어　　템플 to 템플

① Internal(상부영역) : 가마의 영향을 받고 있어서 모류는 시계방향 또는 반시계방향의 흐름을 갖고 있다. 상부의 영역이 주로 하부를 덮고 있는 경우가 많아서 인터널 영역은 가시적으로서 질감을 처리해야 할 부분이 된다.

② External(하부영역) : 익스터널 영역에서는 후두골의 영향과 능선의 영향으로 두상의 곡면이 두각을 나타낸다. 하지만 후두부가 편평한 경우도 많다. 이 부분은 모량이 많기 때문에 모량의 감소, 즉 양감처리를 해야 되는 영역이다.

결과적으로 2섹션의 경우는 ①+②로 두상의 형태와 모류가 만나서 전체적인 틀을 형성하고 있다.

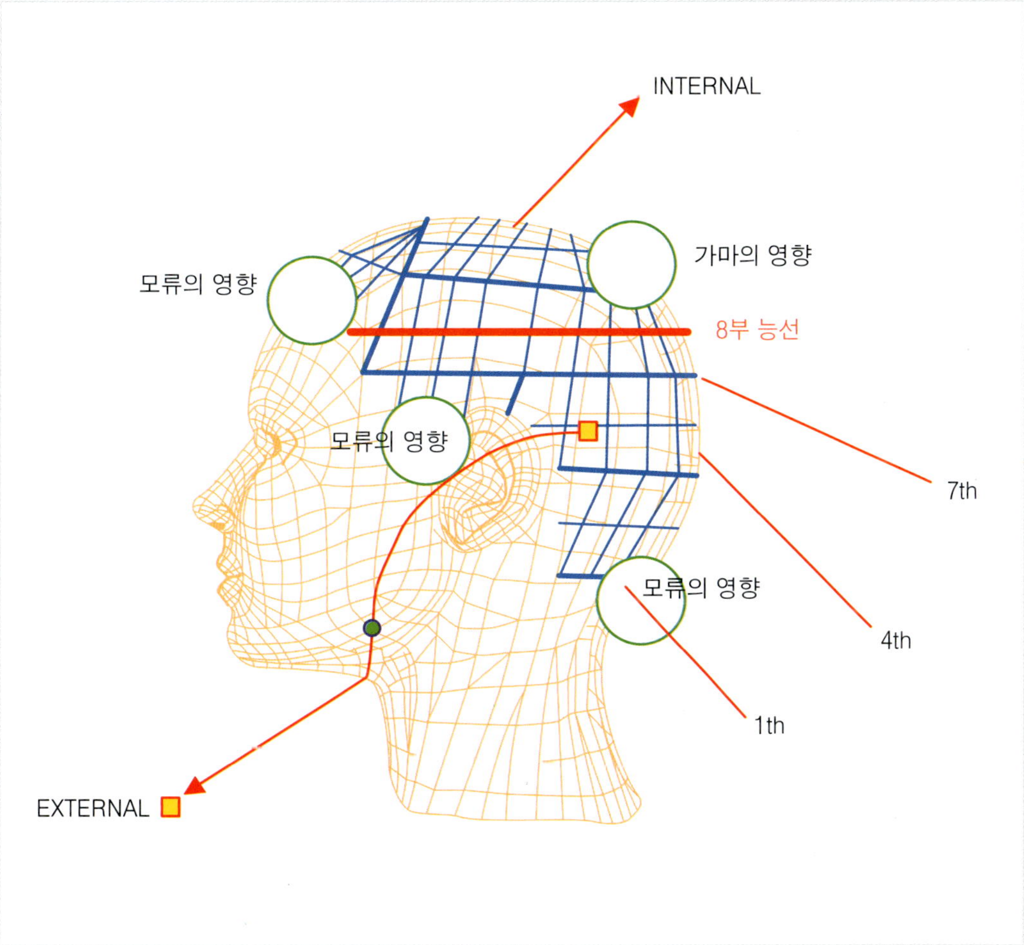

2. 3섹션

1) 3섹션의 디자인 법칙

두상에서 3섹션으로 분할하여 각 영역의 특징에 따라 레이어와 그래쥬에이션의 조합으로 무수히 많은 디자인이 나올 수 있으며 어떻게 유기적으로 조합할 것인가에 따라 전체적인 형태가 바뀔 수 있다.

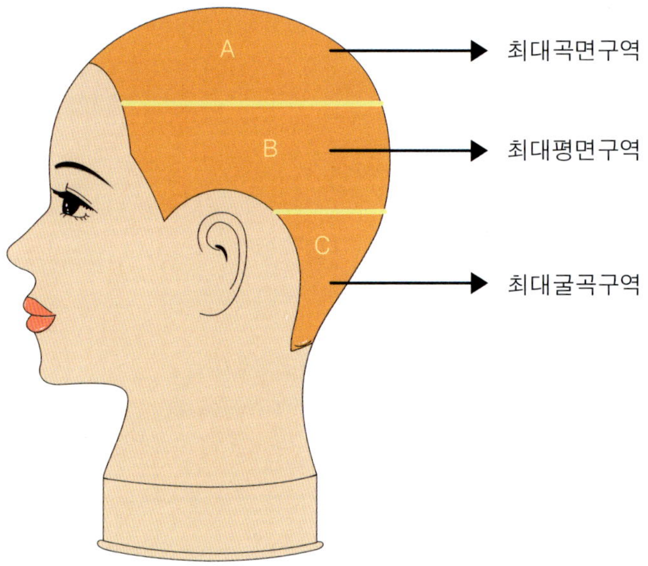

2) 영역별 두상의 영향

영역	명칭	두상의 영향
A	오버섹션	곡면의 가장 넓은 구역이며 층이 많아 질 수 있고 방사상(radial)의 섹션을 포함하기 때문에 두상의 영향을 많이 받는다.
B	미들섹션	대체로 미들섹션은 굴곡이 심하지 않고 오히려 평면에 가깝다. 그렇기 때문에 두상의 영향을 많이 반영하지 않으므로 층의 예측적 결과를 쉽게 알 수 있다.
C	언더섹션	언더섹션은 후두골 밑으로 두상이 들어가 있기 때문에 두상의 영향을 최대한 반영하며 최대의 굴곡을 가진다. 약간의 층만으로도 목선을 타고 흐른다.

3) 각 섹션의 기능 및 특징

섹션종류	특징	영역	기능
오버섹션	모류의 영향을 받는 곳이며 볼륨을 주어야 할 영역	리세션 라인의 상부	율동감, 질감
미들섹션	양감과 두께를 조절해 주는 영역이다.	리세션 라인의 하부에서 언더섹션라인까지 해당	형태, 양감
언더섹션	아웃라인을 형성하며 층의 형성에 따라 두상의 흐름을 좌우한다.	오씨피탈(O.P)에서 이어백(E.P)까지의 라인에 해당	아웃라인의 이미지

4) 섹션별 패널의 위치

오버섹션

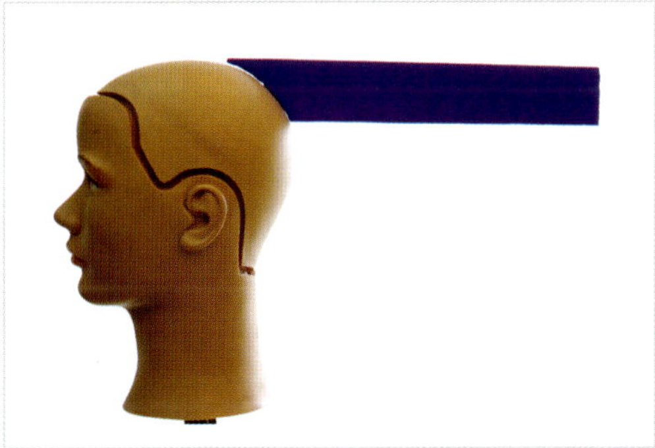

미들섹션

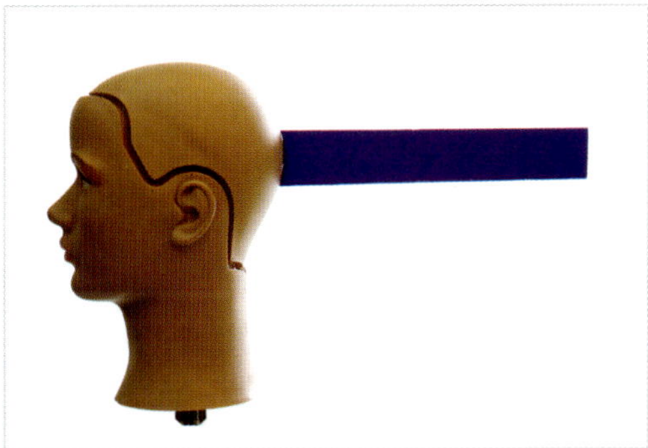

언더섹션

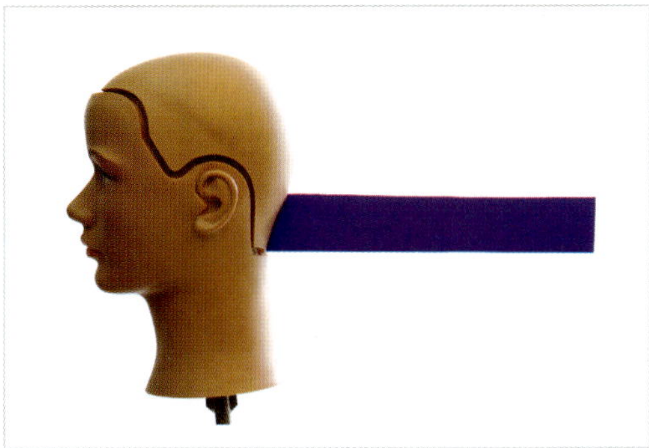

CHAPTER 07 _ 형에 따른 단차(Layered)의 이해

1. 두상분할라인의 단차길이기준 원칙

3섹션으로 분할한 두상을 타고 흐르는 라인에는 일정한 길이가 존재한다. 개개인 두상의 성질이 다를 지라도 일정한 규칙을 통해서 층의 단차를 계산할 수 있다. 왜냐하면 마네킨을 그 두상에 대입하기 때문이다. 그 외의 것들은 경험을 통해서 감각적으로 익혀나가야 할 것이다. 마네킨은 모든 사람의 두상을 표준화한 것이므로 실제 사람의 두상에 적용할 때 생기는 오차는 감안하여야 한다.

2. 후두부 3섹션의 분할의 따른 단차

① 레디얼 섹션(Radial section) - 후두부의 방사상섹션은 다른 부분에 비해 좀 더 곡면을 구성하고 있다. 프로파일 섹션(Profile section)만을 볼 때 아래 그림과 같이 원의 1/4 조각파이(sector)를 생각할 수 있다. 이때 직각을 이루는 두변을 제외한 곡선의 길이는 보통 8센티미터 안팎이다. 우리는 직접 줄자나 계측기를 이용하여 측정할 수 있지만 다음과 같은 공식을 통하여 곡선의 길이를 알 수 있다.

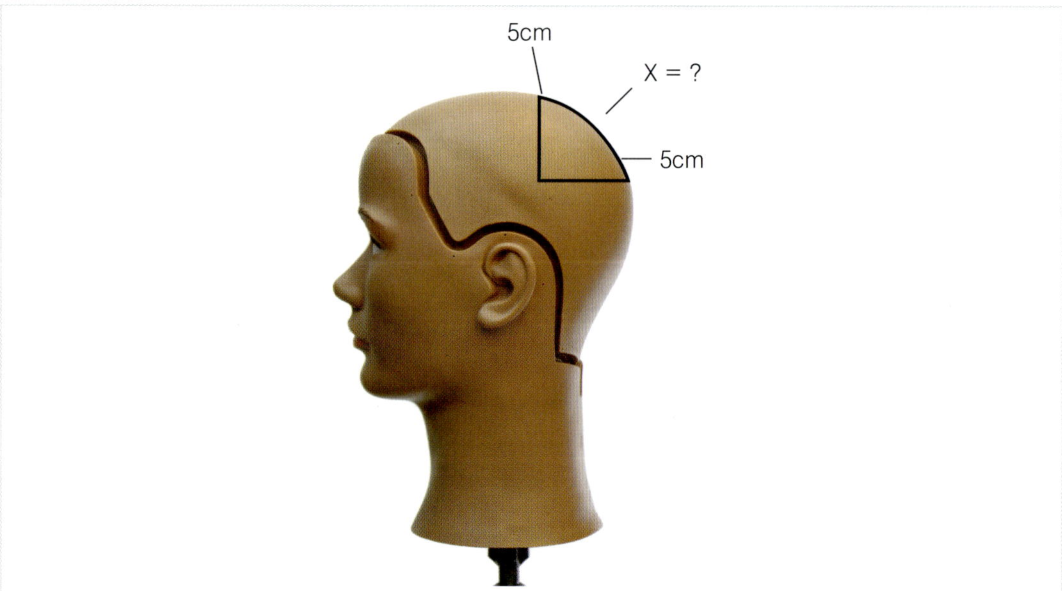

② X 를 구하는 공식

X = 2 x 원주율(3.14) x 반지름의 길이(R) x 중심각의 크기/360
= $(2\pi R) \div 4$
= $(2 \times 3.14 \times 5) \div 4$
= $(6.28 \times 5) \div 4$
= $31.4 \div 4$
= 7.85
≒ 8

(R=5)

즉, 반지름의 길이 R은 5센티미터를 대입하고 전체 360도의 90도는 부채꼴의 호의 4분의 1로서 이 모든 것을 대입하면 레디얼의 길이 'X' 의 값은 약 8센티미터가 됨을 알 수 있다. 이 값을 형의 단차공식에 대입하면 머리카락의 높낮이가 가지는 단차 값을 알 수 있게 되는 것이다.

③ 단차 공식

오버존에서의 T.G.M.P와 G.B.M.P 사이의 길이가 약 8센티이므로 단차의 수치는 T.G.M.P의 기장에서 약 8센티미터를 뺀 나머지의 길이를 다시 G.B.M.P의 기장에서 뺀 나머지 값이 단차이며 다음과 같은 공식이 된다.

레디얼 단차 = G.B.M.P – (T.G.M.P – X)

1) 형(Form)에 따른 단차 예제

(1) 레디얼 섹션(Radial section)

① 스퀘어 레이어(Square layer)

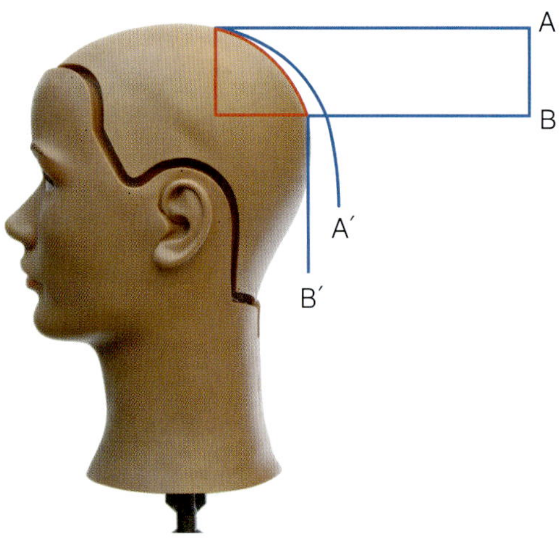

A = 15cm(T.G.M.P의 길이)
B = 10cm(G.B.M.P의 길이)

단차 = A´ 와 B´ 사이의 단차
= G.B.M.P − (T.G.M.P − X)
= 10 − (15 − 8)
= 3cm

② 인 레이어(In layer)

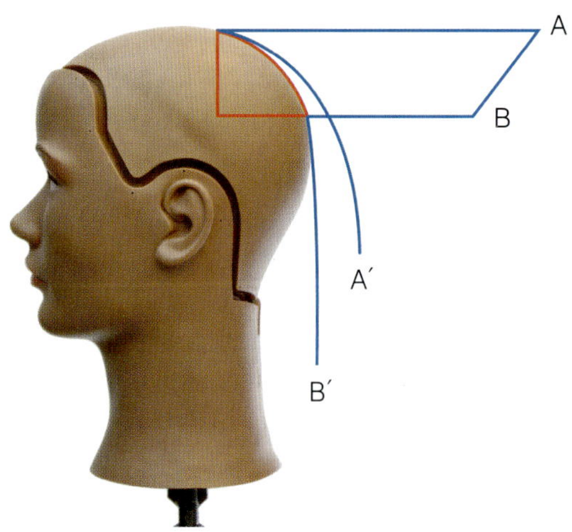

A = 15cm(T.G.M.P의 길이)
B = 7cm(G.B.M.P의 길이)

단차 = A´ 와 B´ 사이의 단차
= G.B.M.P − (T.G.M.P − X)
= 7 − (15 − 8)
= 0cm (단차 없음!)

③ 아웃 레이어(Out layer)

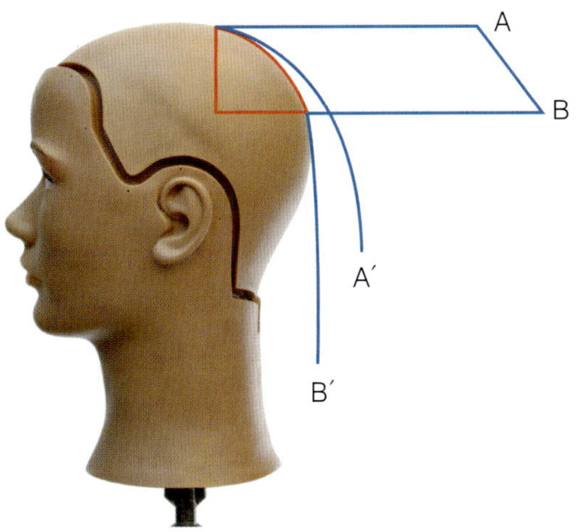

A = 15cm(T.G.M.P의 길이)
B = 13cm(G.B.M.P의 길이)

단차 = A′와 B′사이의 단차
= G.B.M.P − (T.G.M.P − X)
= 13 − (15 − 8)
= 6cm

④ 유니폼 레이어(Uniform layer)의 전환

아래 두 가지 폼은 서로 같고 유니폼 레이어를 사용하더라도 결과적으로는 아웃레이어의 성질을 가진다

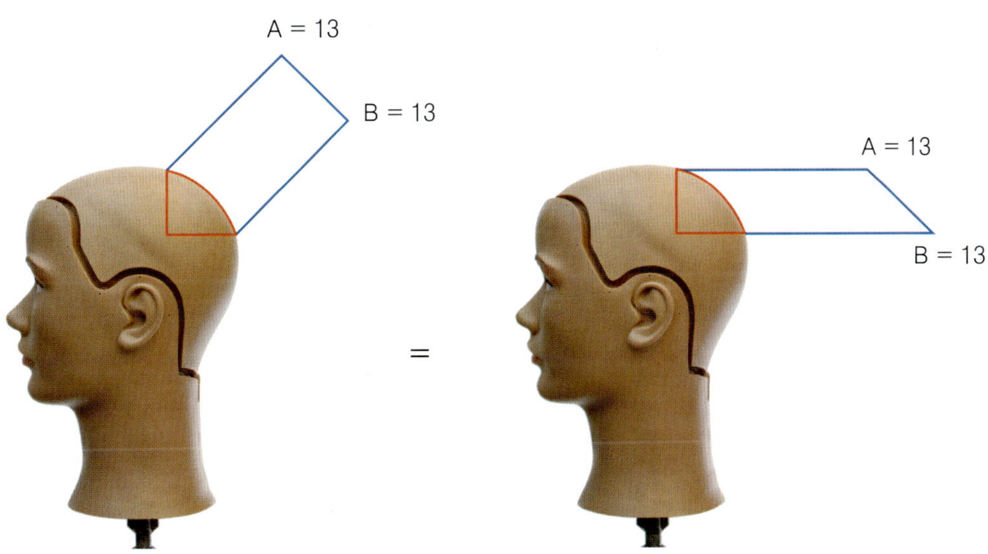

유니폼레이어 아웃레이어

A와 B사이의 단차
= G.B.M.P − (T.G.M.P − 8)
= 13 − (13 − 8)
= 8cm

(2) 미들섹션(Middle Section)

미들섹션은 오버존 처럼 굴곡이 심하지 않고 두상의 편평한 구조도 많으며 G.B.M.P에서 후두골까지의 거리는 보통 7센티미터 내외이며 곡면으로 아래쪽으로 살짝 오목하게 들어가 있다. 그러므로 스퀘어상의 후두골까지의 길이가 G.B.M.P의 길이보다 1센티 내외로 약간 길며 두상의 영향을 받지만 약간 단차가 커진다.

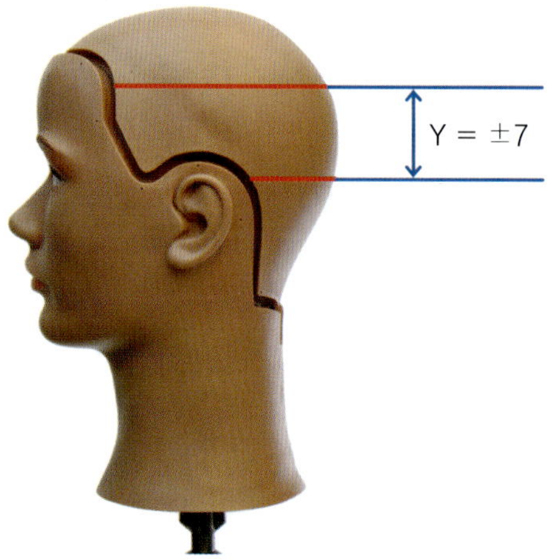

① 미들 섹션 단차공식 = 오씨피탈 지점의 모발길이 −(G.B.M.P의 모발길이 − G.B.M.P와 O.P사이의 길이)

② 스퀘어 레이어(Square layer)

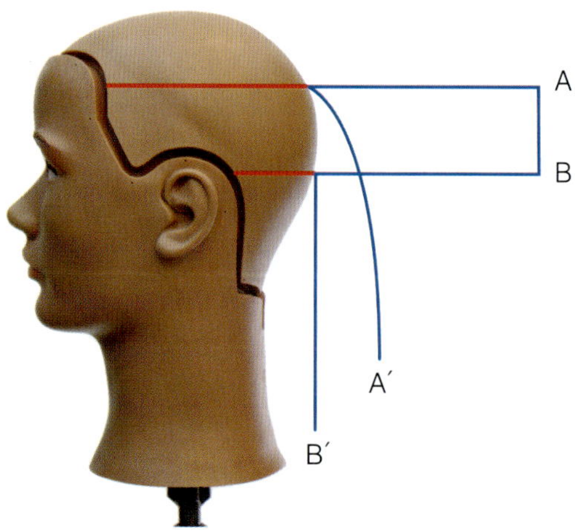

A = 10cm
B = 11cm

단차 = A′ 와 B′ 사이의 단차
= O.P길이 − (G.B.M.P − Y)
= 11 − (10 − 7)
= 8cm

③ 인 레이어(Graduation)

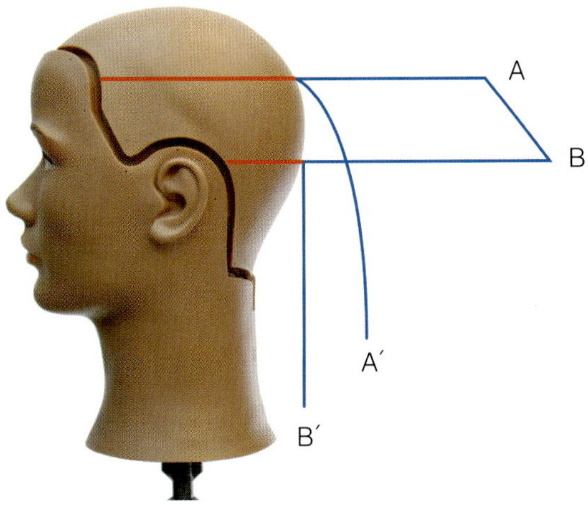

A = 15cm
B = 13cm

단차 = A′ 와 B′ 사이의 단차
= B − (A − Y)
= 13 − (15 − 7)
= 5cm

④ 아웃 레이어(Out layer)

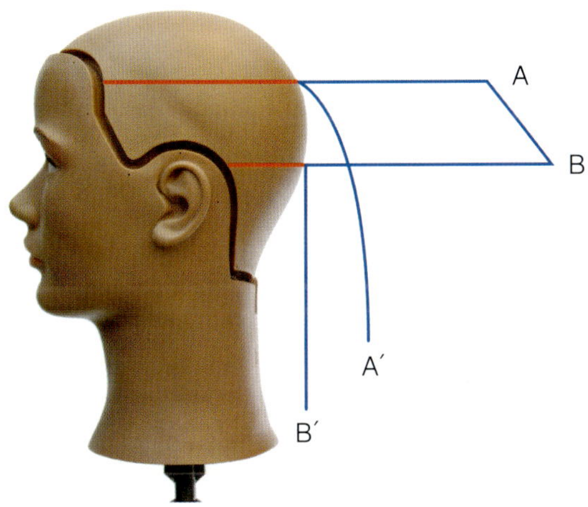

A = 10cm
B = 13cm

단차 = A′ 와 B′ 사이의 단차
= B − (A − Y)
= 13 − (10 − 7)
= 10cm

(3) 언더 섹션(Under section)

스퀘어 시술 각 에서는 아웃 레이어의 성질이 매우 강해진다. 왜냐하면 오씨피탈 지점에서 네이프 포인트 쪽으로 많이 굴곡져 있어 두상의 영향을 많이 받기 때문이다. 그러므로 두상의 영향을 받는다면 가벼운 느낌이 극대화 되므로 커트 디자인할 때, 첫 번째로 생각해야 할 부분이므로 기장 설정 후 커트할 것인지 아닌지는 두상의 함몰정도와 네이프 라인의 형성 그리고 언더 섹션의 면적 및 양에 의해 결정해야 될 부분이다.

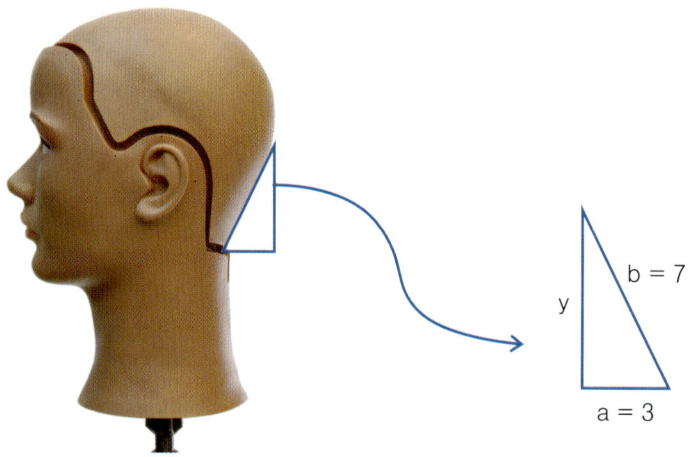

언더 섹션의 단차구하는 방법은 오씨피탈 지점의 길이를 직각이 되게 수평의 가상 선을 목선방향으로 점을 이은 다음 네이프 포인트의 길이의 끝을 연결하면 직각삼각형의 모양이 나오는데 높이의 길이를 알 수 있고 밑변의 길이를 알면 피타고라스의 공식을 이용하여 빗변의 길이를 알 수 있다.

피타고라스공식을 이용하면

$$a^2 + b^2 = y^2$$
$$3^2 + 7^2 = y^2$$
$$9 + 49 = y^2$$
$$\sqrt{58} = y$$
$$y = \pm 7.6$$

위와 같이 빗변의 길이의 값은 ±7.6정도가 된다.

① 스퀘어 레이어(Square layer)

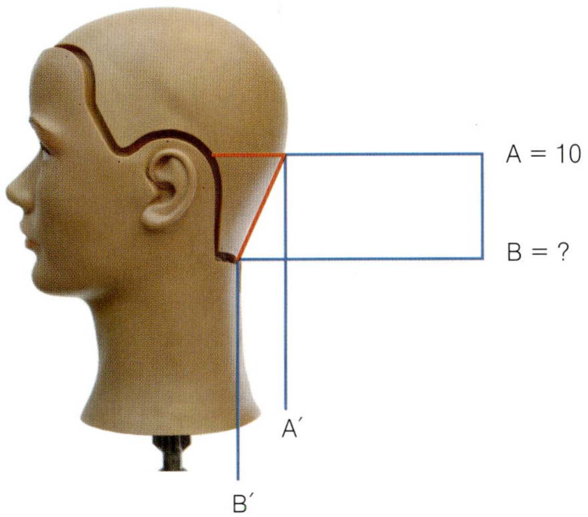

단차 = A′와 B′ 사이의 단차
= (A + a) − (A − b)
= (10 + 3) − (10 − 7)
= 13 − 3 = 10cm

② 인 레이어(Graduation)

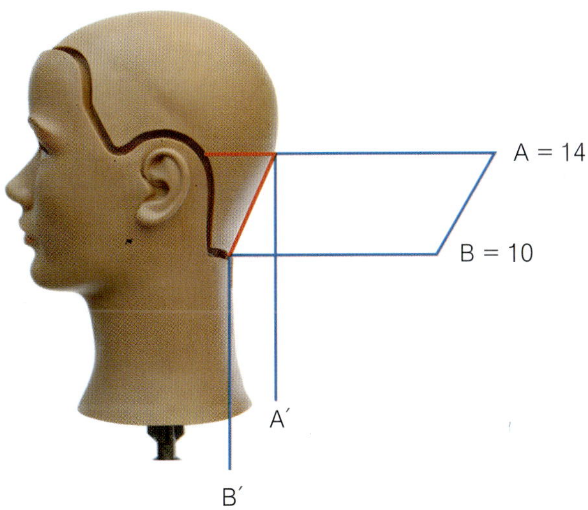

단차 = A′와 B′ 사이의 단차
= B − (A − b)
= 10 − (14 − 7)
= 10 − 7 = 3cm

③ 아웃 레이어(Out layer)

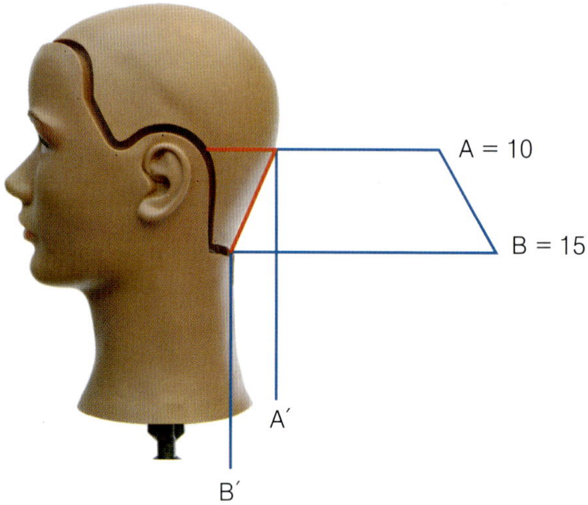

단차 = A′ 와 B′ 사이의 단차
= B − (A − b)
= 15 − 3
= 12cm

(4) 템포럴 섹션(Temporal scetion)

관자놀이 부분인 이 영역은 거의 평면에 가깝기 때문에 면적 비율에 따라 단차의 폭이 결정되어 진다. 미들존의 앞부분에 위치하고 있고 모발의 양이 적고 모류의 영향을 받고 있는 곳이므로 레이어의 조절에 따라 매우 가벼워 질 수 있어 주의를 요구한다. 또한 이 부분을 직사각형이라고 가정할 때 모량이 없는 부분들 때문에 스퀘어로 커트 했을 때 템플 라인의 모양을 따라 언더라인이 결정된다.

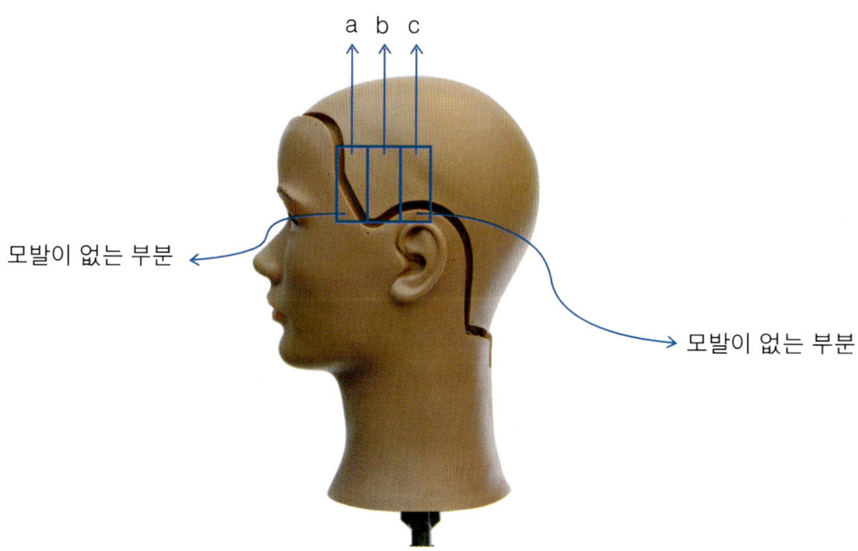

① 템포럴 섹션의 단차

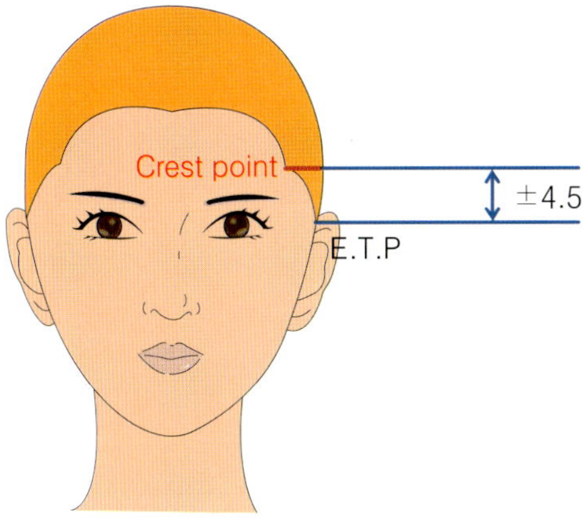

단차 구하는 공식은
Crest point와 E.T.P사이의 거리 = a
a가 4.5cm 일 때
Creat point의 길이에서 a를 빼준 값을
E.T.P지점의 모발의 길이의 차이
단차가 된다.

템포럴섹션의 단차
= E.T.P지점의 모발의 길이 − (crest지점의 길이 − a)

② 스퀘어 레이어(Square layer)

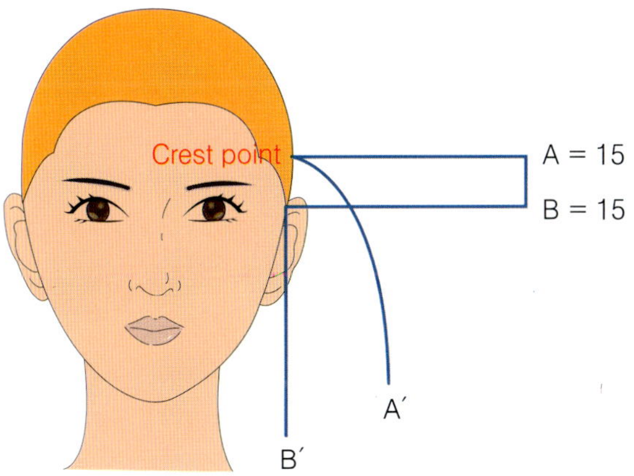

단차 = A´ 와 B´ 사이의 단차
= B − (A − a)
= 15 − (15 − 4.5)
= 15 − 10.5
= 4.5cm

③ 인 레이어(Graduation)

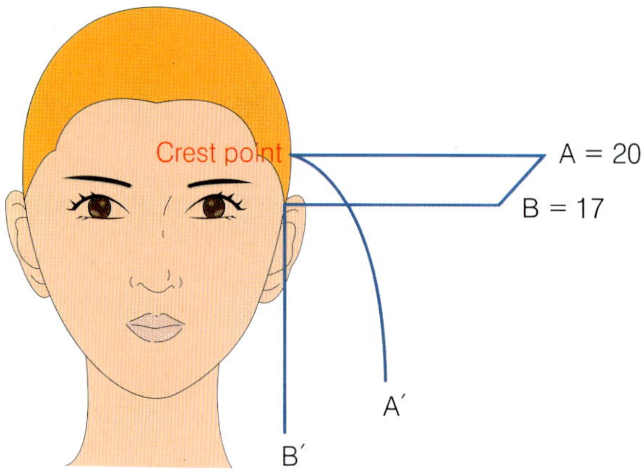

단차 = A′ 와 B′ 사이의 단차

= B − (A − a)

= 17 − (20 − 4.5)

= 17 − 15.5

= 1.5cm

③ 인 레이어(Graduation)

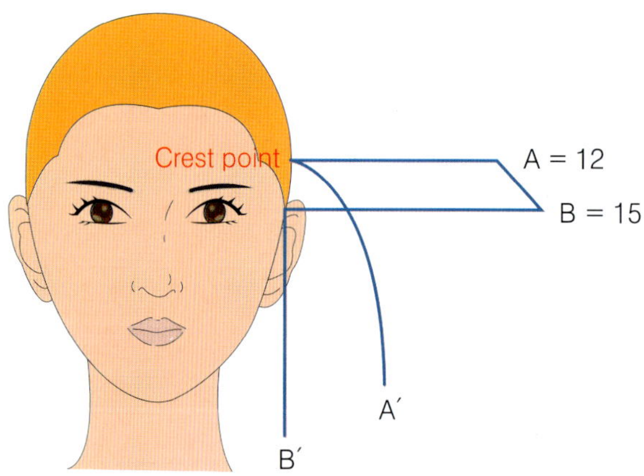

단차 = A′ 와 B′ 사이의 단차

= B − (A − a)

= 15 − (12 − 4.5)

= 15 − 7.5

= 7.5cm

CHAPTER 08_ 베이직 4가지 유형의 개념과 특징

1. 원렝스 폼(One length form)

1) 개념

원렝스란 시술각 없이 설정된 아웃라인에서 모든 모발이 가로로 동일선상에서 커팅되는 것을 말한다. 원렝스를 베이직의 한 부분으로 분류되기도 하지만 라인의 흐름으로서 실루엣 형성의 가장 기본이 된다. 웬렝스 커트는 좌, 우 라인의 균형을 잡는 연습과 단차가 나지 않도록 고정된 가이드라인위에 각 패널을 자르는 연습을 통하여 정확도와 집중력을 기르는 중요한 파트이다.

2) 특징

원렝스는 자연시술각 '0' 도에서 이루어지는 시술로서 익스테리어의 짧은 머리가 인테리어로 갈수록 길어지는 구조 그래픽을 갖는다. 또한 원렝스는 하나의 덩어리로 표현되므로 이를 솔리드(solid)라고 한다. 그리고 수직파팅을 제외한 수평과 사선의 파팅이라면 원렝스를 만들 수 있고 이를 위해 횡거포지션과 파팅라인은 수평이 이루어져야 한다.

3) 종류

① 전대각 : 고정가이드라인에 파팅라인을 얼굴을 향하는 대각선인 다이어거널 포워드(Diagonal forward)로 만들어 뒤쪽보다 앞쪽이 길어져 텐션이 느껴지며 도도한 스타일이다.

② 수평 : 백(back)에서는 수평처럼 보이는 둥근 라인에서 사이드쪽으로는 수평이 되는 스타일으로 안정감이 느껴진다.

③ 후대각 : 앞쪽에서부터 뒤쪽으로 길어지는 다이어거널 백워드(Diagonal backward)로 발랄해 보이는 스타일이다.

④ 혼합형 : 이어포인트(E.P)와 이어 백 포인트(E.B.P)를 중심으로 수평, 전대각 그리고 후대각의 혼합으로 다이나믹한 라인을 연출할 수 있고 이미지의 다양한 연출을 위한 변인요소이다.

2. 그래쥬에이션 폼(Graduation form)

1) 개념

그래쥬에이션은 질감의 보이는 부분과 보이지 않는 부분의 두 가지의 혼합으로서 이에는 고정디자인라인과 이동디자인라인을 이용하여 층의 급감을 조절하여 무게감을 형성한다. 그리고 이 두 질감은 릿지라인(ridge line)이라고 하며 두 가지의 그래쥬에이션 중 하나는 언더존을 블록으로 갖고 시작하는 형과 다른 하나는 언더존부터 이동디자인라인을 이용하여 층을 형성하는 형이 있다.

2) 특징

· 머리를 베이스 파팅에서 90도로 빗는 퍼펜디큘러(perpendicular)분배와 수평파팅을 이용하여 층의 높이 뿐만 아니라 앞쪽과 뒤쪽의 흐름을 줄 수 있다.
· 천체축을 이용하여 어떠한 지점에서 1도에서부터 89도까지의 다양한 각도로 다이나믹한 커트선을 만들어 낼 수 있다. 특히 뒤통수가 납작한 후두부에 볼륨을 줄 수 있다.
· 파팅의 자유로운 설정으로 수평, 수직, 사선 등 가볍고 무거움 등 무게감을 연출할 수 있다.

3) 종류

① 전대각 : 주로 밥(Bob)스타일로 많이 쓰이며 목선이 드러나는 유형으로 쓰임새가 많다.
② 수평 : 안정감 있고 무난하게 쓰이며 깨끗한 느낌의 그래쥬에이션으로 아카데믹하면서도 실용성이 있다.
③ 후대각 : 기장 설정이 턱선 위로 짧아진다면 개성있고 귀여운 이미지가 연출된다.
④ 혼합형 : 그래쥬에이션에서의 혼합형은 이미지라인의 다중혼합으로 인해 부드러운 곡선을 연출할 수 있다.

3. 레이어드 폼(Layered form)

1) 개념

1도에서 89도의 그래쥬에이션과 달리 90도 이상의 층이 발생되는 형태를 통틀어 레이어라고 하며 레이어드 폼은 크게 두 가지로 분류되는데 하나는 모든 길이가 동일한 유니폼(uniformly) 레이어와 어느 한쪽의 기준점에서 중력의 방향으로 점차 길어지는 인크리스(increase) 레이어의 두 가지가 있다.

2) 레이어의 분류

① 유니폼 레이어(Uniformly layered form)

유니폼 레이어는 완벽히 커트의 끝선이 보이는 커트로서 모든 패널에서 두상각 90도를 유지한 상태로 두상의 선과 핑거 포지션이 평행(Parallel)을 유지하여 커트가 이루어진다. 또한 모든 기장의 길이가 같으므로 멘스커트(Men's cut)에도 활용도가 높다. 그리고 모든 기장이 동일하다고 해서 세임레이어(Same layer)라고도 한다.

② 인크리스 레이어(Increase layered form)

인크리스 레이어는 컨버젼 레이어링(Conversion layering)이라고 하는데 전자는 레이어의 결과치이고 후자는 각 파팅과 섹션의 영역을 융합하는 과정을 말한다. 이러한 테크닉은 각기의 파팅이 희망하는 지점에서의 고정가이드라인에 모이게 하여 커팅하는 것이며 수직과 피봇탈 파팅을 직각분배를 통해서 가이드라인으로 빗질하는 메커니즘이다. 또한 급격한 층을 형성하기 위해서 쓰이지만 프론탈 섹션(Frontal section)의 앞머리연출에 효과적이며 작품을 만들 때도 많이 쓰인다.

3) 특징

그래쥬에이션과는 달리 층의 폭이 높기 때문에 동적이고 활발해 보이는 효과와 연출을 만들 수 있다는 장점이 있고 펌을 할 경우 볼륨을 극대화 할 수 있다. 하지만 단독으로만 레이어를 쓸 경우 너무 가벼워 보일 수 있기 때문에 원렝스와 그래쥬에이션의 혼합형으로 쓰일 때 디자인하기가 무난할 수 있다.

Chapter

1. 가위질
2. 빗질
3. 커트자세
4. 방사상섹션의 이해

Part 2

기술적 베이스

CHAPTER 01 _가위질(Scissors)

1. 가위의 종류와 쓰임새

1) 블런트형(Blunt form)

블런트형 가위는 동날의 가위 회전으로 직선적인 커트라인을 만들 수 있는 가위이며 가위질의 속도에 의해 모질의 엔드라인의 질감 역시 달라질 수 있다. 커트가위의 가장 기본이며 표준에 해당된다.

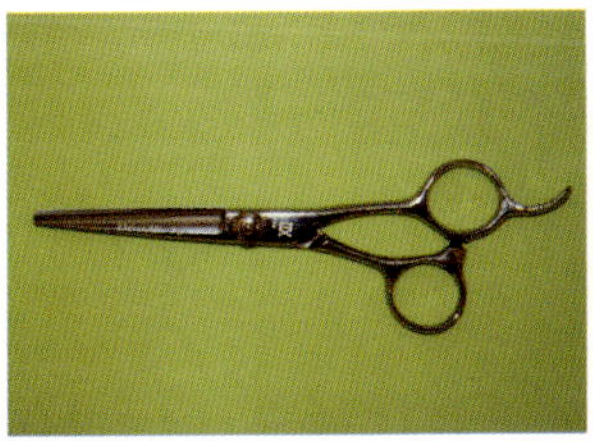
closed

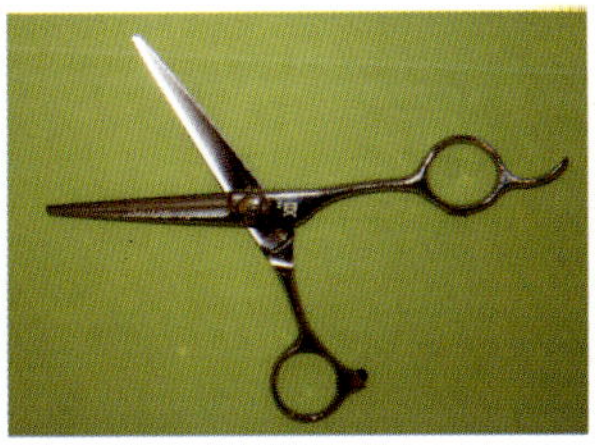
opened

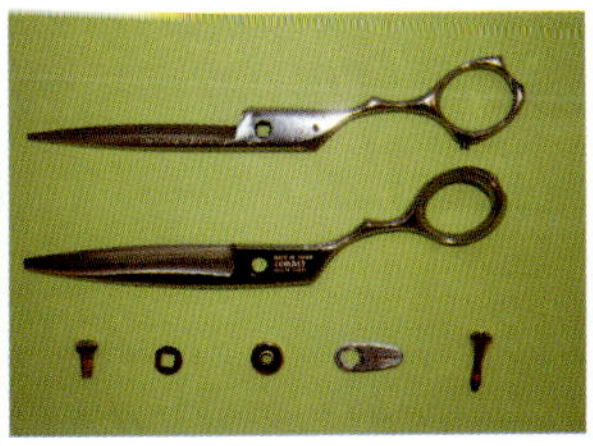
disassembly

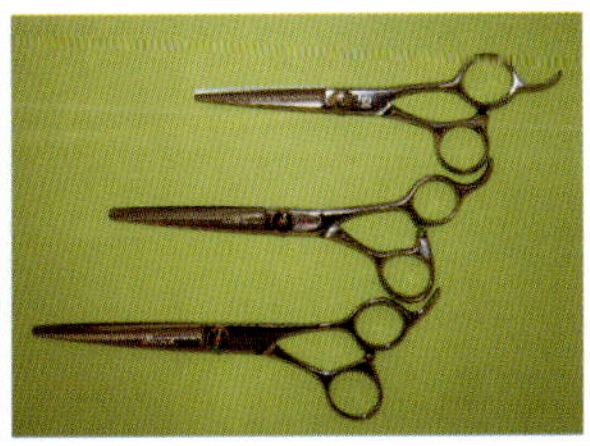
size

2) 스트록형(Stroke form)

스트록형 가위는 동도와 정도의 날과 몸체 부분이 볼록하다. 이는 패널커트 작업 시 스윙이라는 가위질을 통해 모속을 쳐 내기 위해 고안된 가위이며 모속의 볼륨감과 질감을 동시에 가질 수 있는 동시에 가벼운 커트 선을 표현하기 때문에 헤어제품에 대한 표현력 또한 높일 수 있는 장점이 있다.

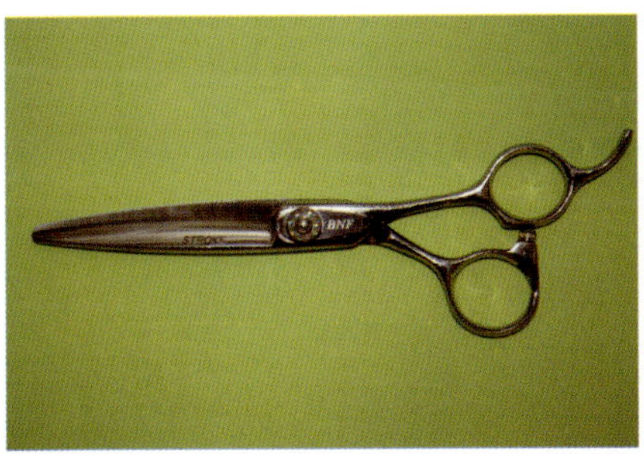

3) 웨이트형(Weight form)

웨이트형의 가위에는 두 가지의 타입이 있는데 A 타입은 순수한 모량 감소형으로 양을 쳐내는 기능과 모류교정을 위해 사용될 수가 있고 B타입은 모량감소 및 질감처리를 할 수 있다.

절삭율은 가위 발수에 따라 틀리며 보통 한 패널 당 15~30% 정도의 모량감소가 알맞다. 특히 B타입은 날 부위에 갈퀴모양이 있어 모질의 결을 쳐내 붓끝처럼 가벼운 라인시닝과 무게감의 조절 등으로 유용하게 쓰일 수 있다. 하지만 너무 웨이트형의 가위에 의존하거나 베이스커트 후 사용량이 많아지면 형태선이 무너지므로 모량과 모질파악을 철저히 하여야 한다.

A타입

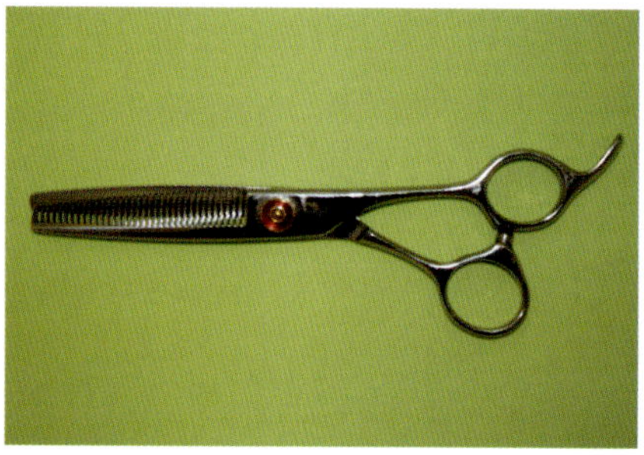

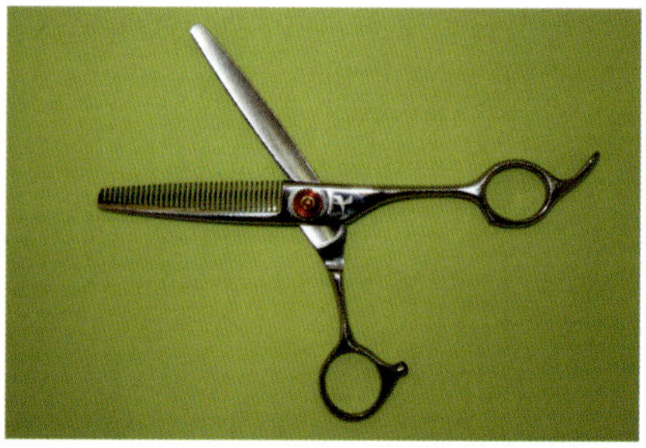

B타입

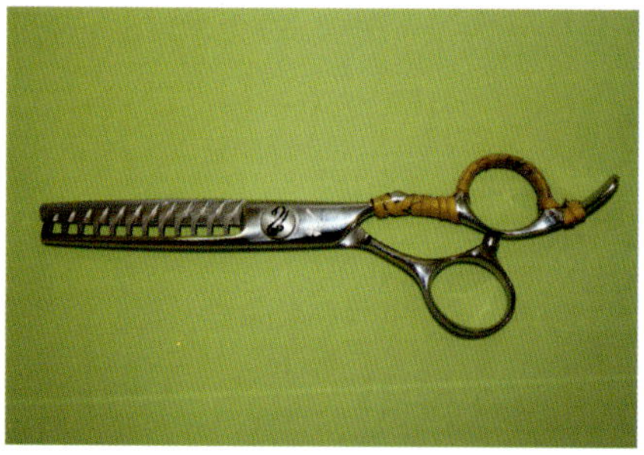

2. 가위의 조작

1) 가위질의 목적

가위질은 손목과 손가락의 관련근육을 단련시킴으로서 효율적인 디자인을 얻기 위한 커팅의 기초이다. 몇 가지의 기본이 되는 가위질을 정확히 숙지 및 체득을 하지 않는다면 기본적인 디자인은 만들 수 있지만 다양한 테크닉을 익힐 수 없어 표현에 있어서 제약이 발생하므로 정확한 가위질의 숙지를 필요로 한다.

2) 가위 잡는 법

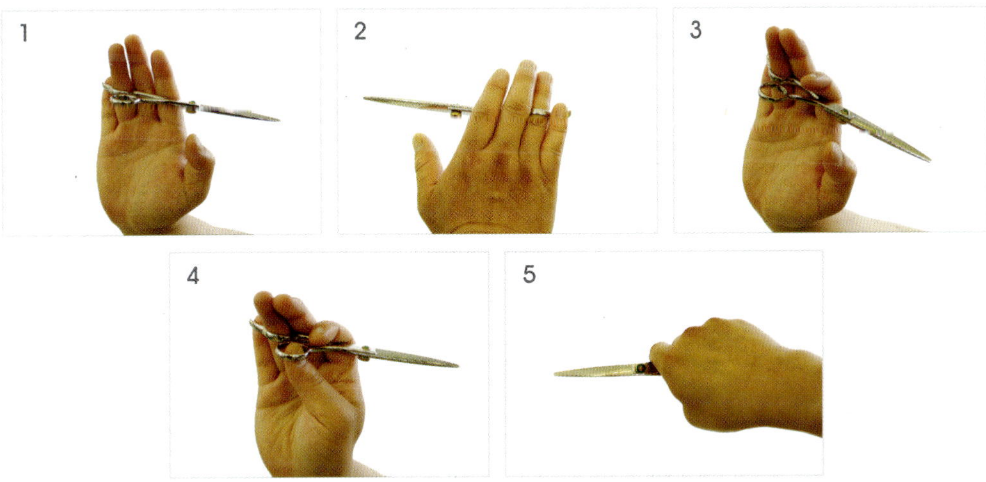

1. 약지를 고정그립에 끼워서 직각을 유지한다.
2. 반대쪽 그립의 가위위치
3. 약 15~20도 정도를 아래로 기울인다.
4. 검지 손가락으로 감싸면서 엄지를 나머지 그립에 살짝 넣어 위치한다.
5. 손으로 가위를 감싸 안으면 된다.

3) 가위 회전법

가위를 회전하는 이유는 수직패널과 사선패널작업시 빗질의 정확도를 높이는데 있다. 가위를 회전시켜 가위의 위치가 후방에 위치하게 되므로 빗을 자유롭게 움직일 수 있기 때문에 익혀두면 손이 자유롭다.

1
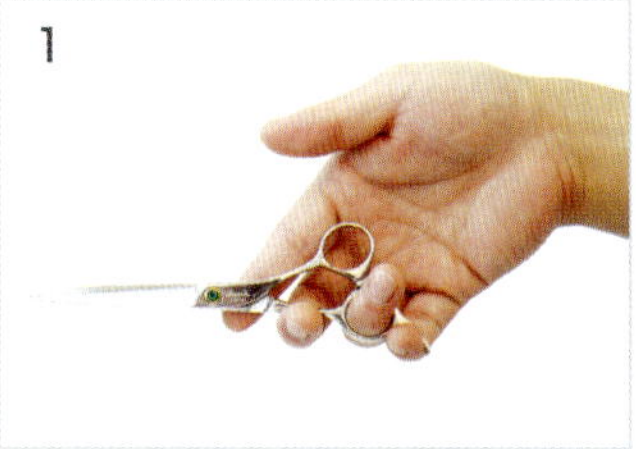

2
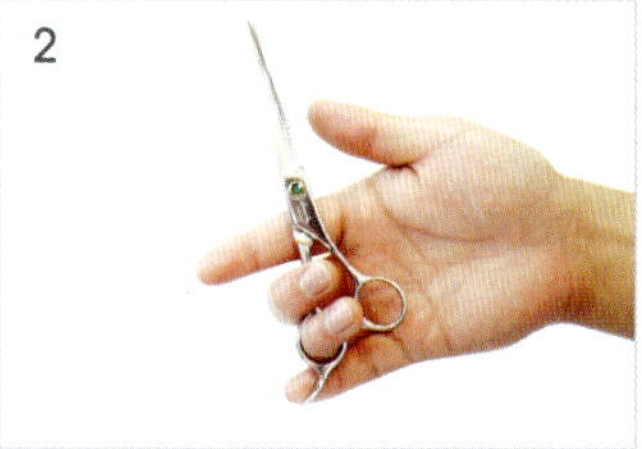

3
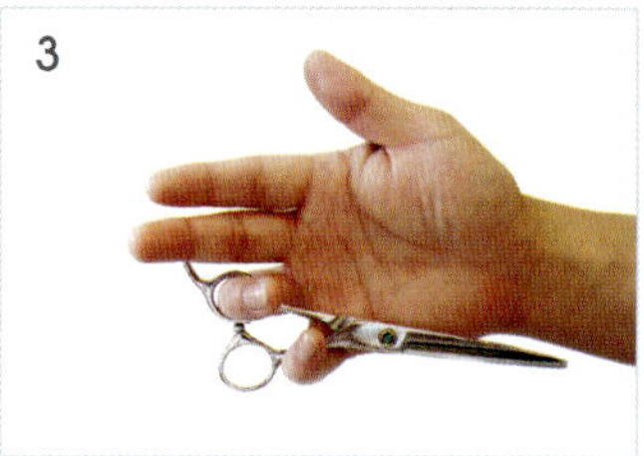

1. 약지를 중심으로 중지와 새끼손가락을 그림과 같이 받쳐준다.
2. 손목을 위로 약간 들면서 중지로 튕기듯 안쪽으로 가위를 민다.
3. 그 힘을 이용하여 180도로 완전히 돌려준다.

4

5
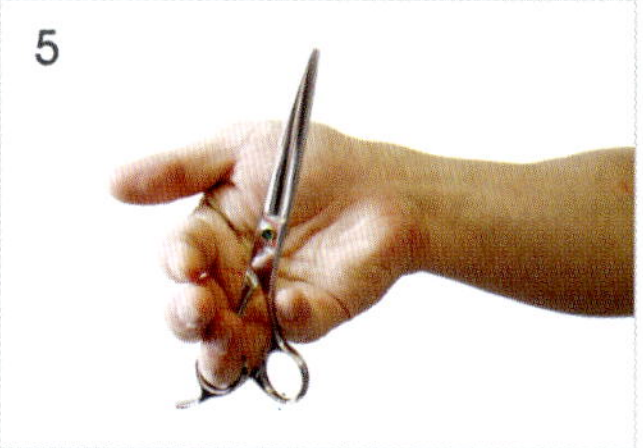

6
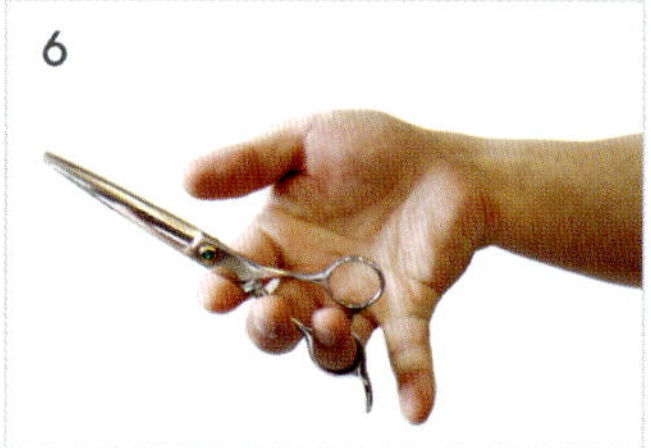

4. 주먹을 쥐듯이 쥐어준다.
5. 손목을 시계반대방향으로 튕기듯 반동을 주며 돌린다.
6. 이때 새끼손가락은 밖으로 빠진다.

7
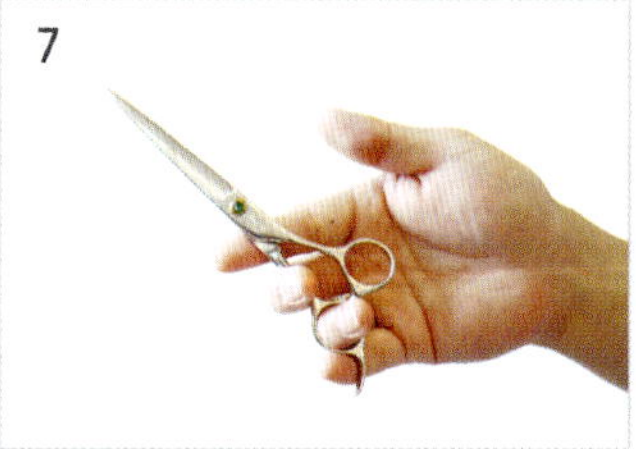

7. 빠졌던 새끼손가락을 그립에 받쳐준다.

3. 가위질의 종류

1) 기본 가위질

기본 가위질은 처음 커트를 배우는 사람은 필수로 몸에 익혀야 한다. 엄지근육을 기본으로 고립운동을 해 주어야 하며 정도를 고정하고 동도의 움직임으로만 커트하여야 기본 가위질에 속한다. 기본 가위질이 바탕이 되지 않으면 스트록 가위질과 다른 테크닉을 사용할 수가 없으므로 반드시 완벽하게 체득을 해야 한다.

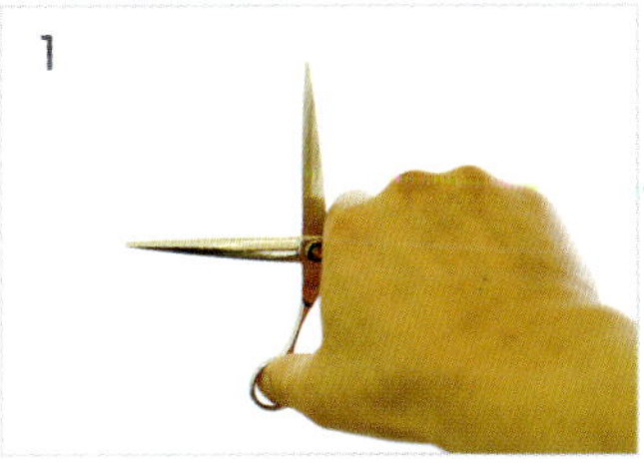

1

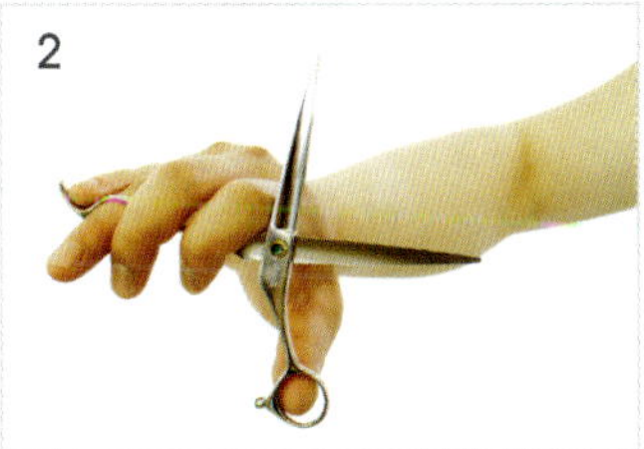

2

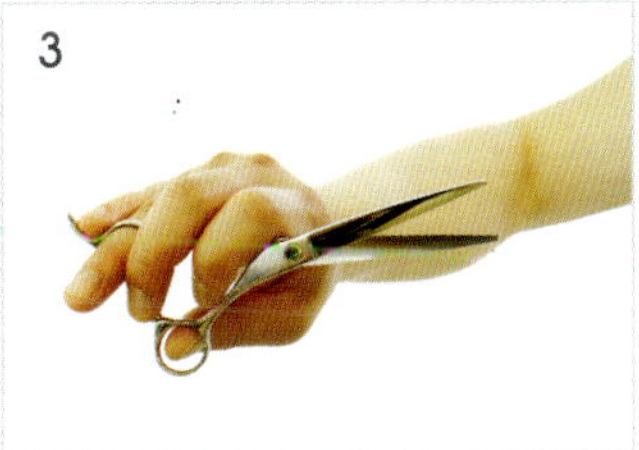

3

1. 가위를 90도로 열어준다.
2. 이때 엄지만을 이용하여 천체축 90도를 만들어 준다.
3. 가위가 45도정도 닫힌 모습

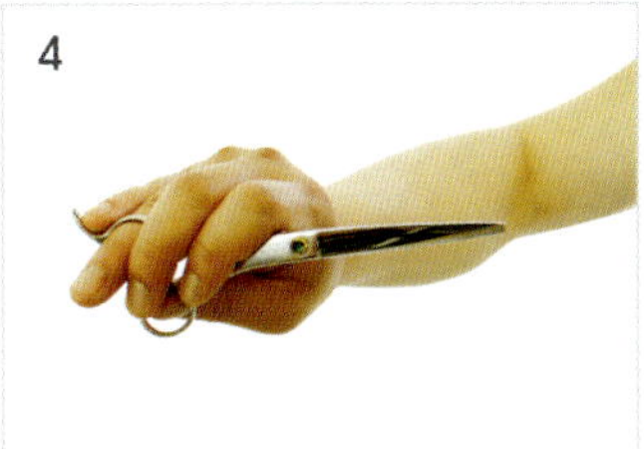

4

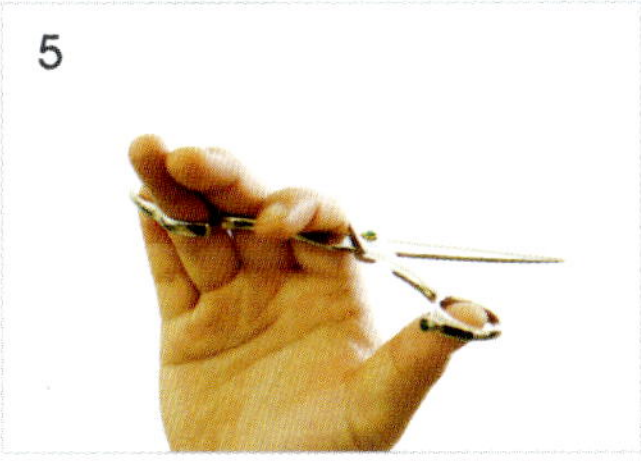

5

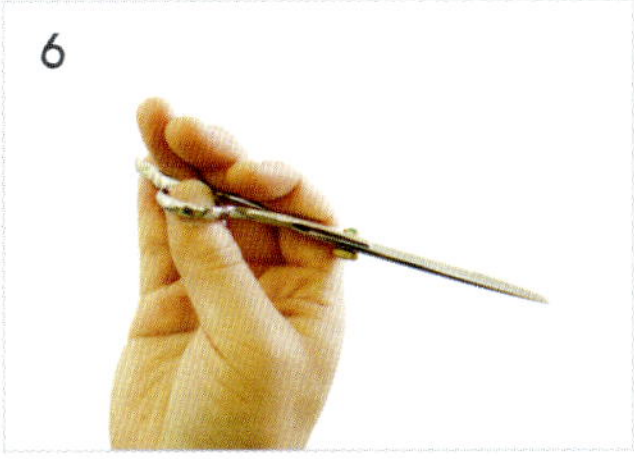

6

4. 0도로 닫아준 모습

** 주의. 엄지손가락이 엄지 환에 완전히 들어가지 않도록 하자.

2) 응용 가위질

기본가위질에서 엄지, 약지, 새끼손가락을 손바닥쪽으로 오므리면서 가위의 몸체가 손바닥에 밀착되면서 평행이 되는 가위질이다. 응용 가위질의 활용은 정밀하게 패널을 커트할 수 있고 프리미터의 정확한 라인을 얻을 수 있다. 또한 섬세하게 사용될 수 있기 때문에 라인작업시 효율적이다.

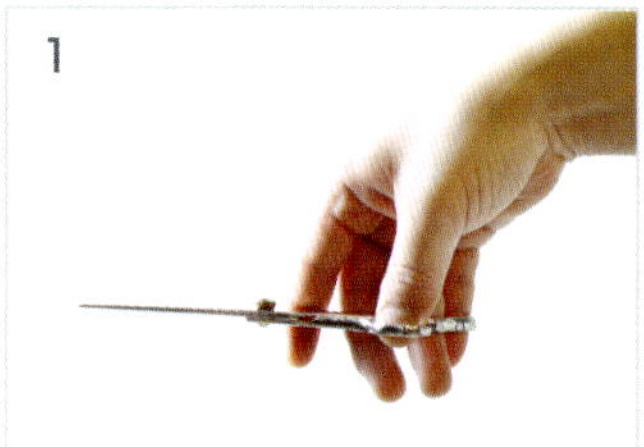

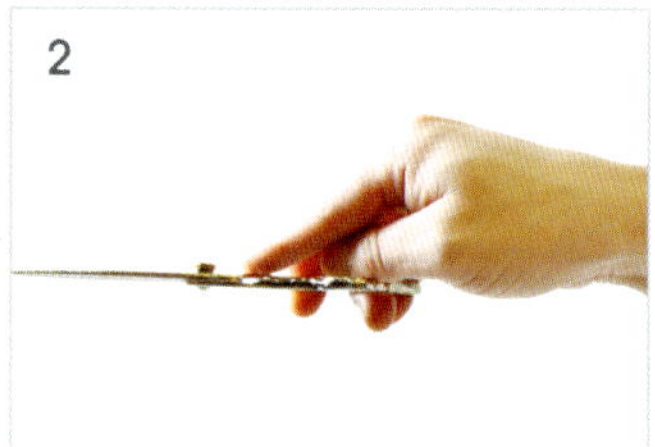

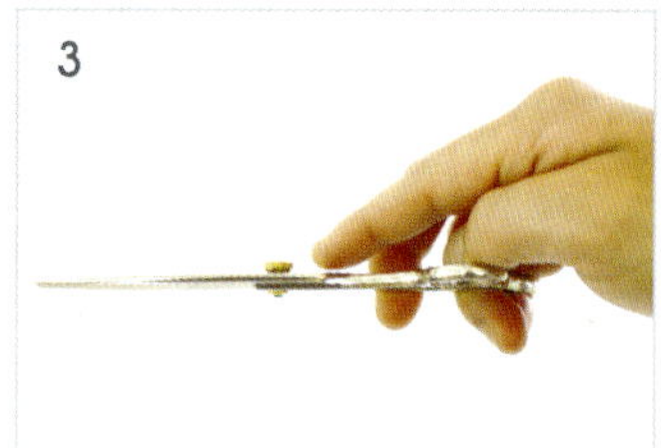

1. 손목을 꺾어 기본가위질의 그립을 취한다.
2. 검지손가락을 피부옆에 위치하면서 가위를 앞쪽으로 밀어준다,
3. 엄지손가락의 관절을 오므리면서 뉘어 그립에 위치하게 한다.

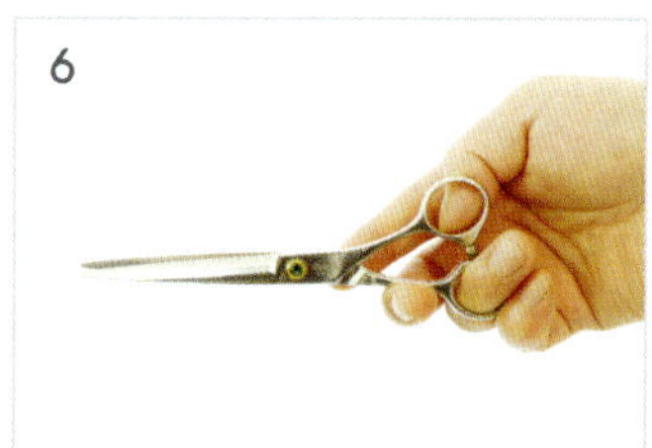

4. 손목과 가위가 수평이 되도록 한다.

** 응용가위질의 개폐

3) 포인트 커트(Point cut)

블런트의 직선적인 라인보다는 소프트한 라인을 기대할 수 있으며 백에서 사이드로 넘어 갈 때의 상, 하부의 연결을 용이하게 해주며 오버존에서의 커트선의 자국을 부드럽게 해 줄 수 있으나 블런트 라인을 정확히 얻을 수 있을 때까지 숙달한 다음 사용하는 것이 좋다.

포인트 컷(point cut)

포인트 아웃 컷(point out cut)

4) 스트록 커트(Stroke cut)

커트선의 부드러움을 줄 때 쓰이거나 모질의 가벼움 등을 연출할 때 쓰면 용이하며 기본가위질에 오른쪽 손목의 반동을 이용하여 연속적으로 가위를 닫으면서 모속 방향으로 밀어쳐내는 가위기법이다. 하지만 기본가위질이 숙달되어 있지 않으면 사용하기 어렵다.

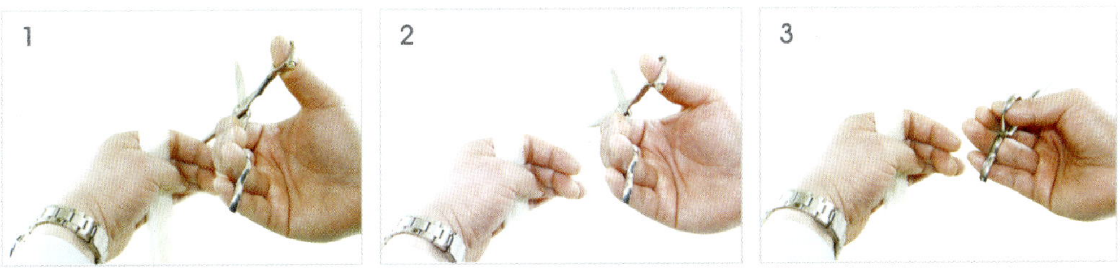

1. 기본가위질의 가위를 연상태에서 왼손검지 둘째마디에 동도를 올려둔다.
2, 3. 오른손의 손목만을 외전시킴과 동시에 가위를 닫는다.

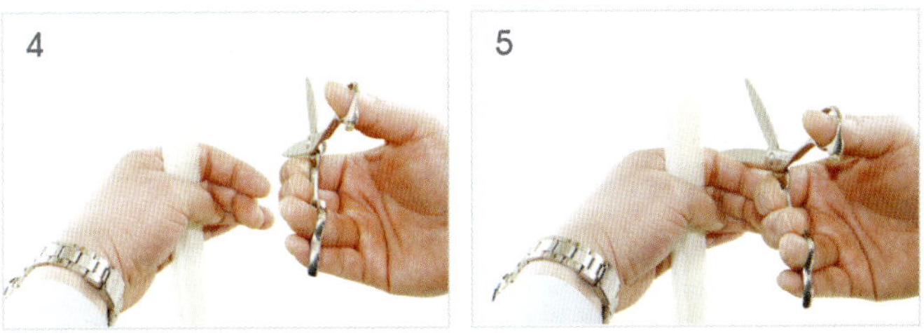

4. 다시 가위를 열어준다.
5. 그 상태에서 원위치하면 된다.

CHAPTER 02 _ 빗질(Distribution)

1. 빗질의 중요성

커트에서의 빗질은 오히려 가위질 보다 중요하다. 왜냐하면 빗질에 따라서 커트라인의 정확도가 떨어지면 전체적인 형태의 완성도가 떨어지기 때문이다. 특히 잘못된 빗질에 의해 숙련이 되었다면 앞으로 완벽한 디자인을 이루어 낼 수 없으며 가이드라인의 끝선이 보이지 않을뿐더러 좌우 대칭의 오차가 크게 벌어질 수 있으므로 큰 주의가 요구된다.

나쁜 예

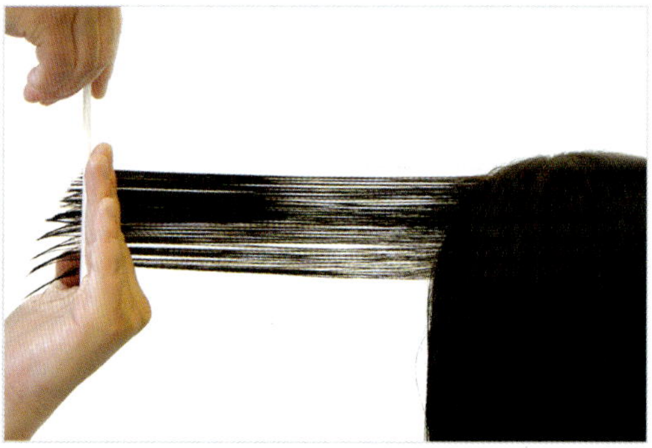

좋은 예

2. 커트빗의 구조와 역할

커트빗은 얼레살과 고운살의 5:5의 비율로 되어 있으며 빗살의 첨은 구상으로 되어 있는 것이 좋다. 얼레살의 용도는 섹션의 분리 또는 파팅의 구분할 때 주로 쓰이며 그 외에도 다량의 모발을 빗질할 때, 텐션을 많이 필요로 하지 않을 때 용이하며 고운살은 각 패널들의 정확한 베이스를 잡아 깨끗하게 커트하기 위한 용도이다.

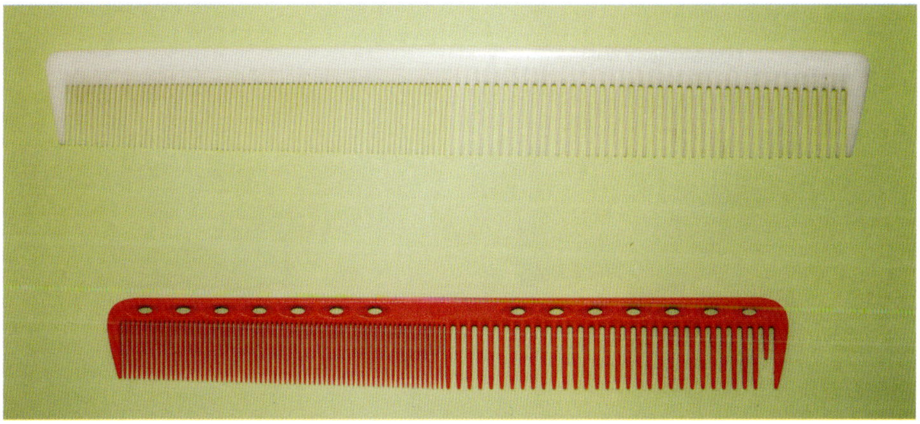

고운 살 얼레살

3. 빗 파지와 회전법

1) 빗의 파지법

빗을 파지하는 이유는 헤어커트 작업 시 가위질에 방해가 되지 않도록 하기 위해서이며 대체로는 손모양과 직각을 이루도록 한다.

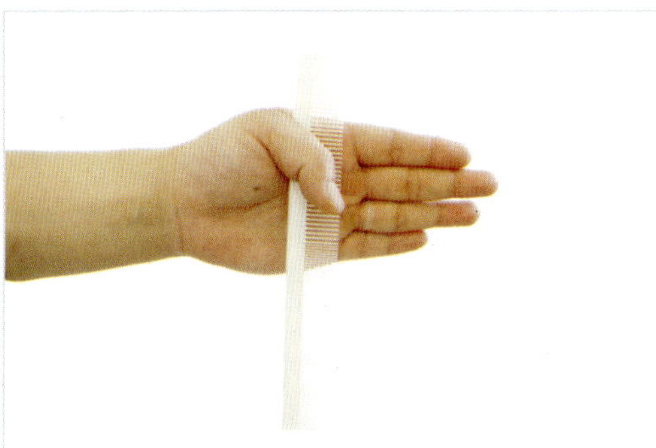

기본 빗 파지법

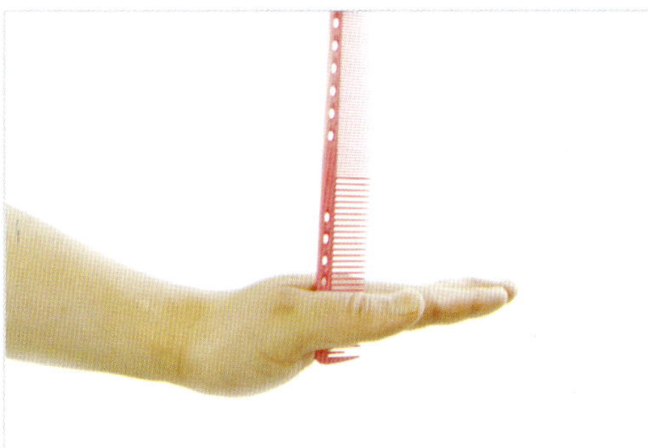

응용 빗 파지법

2) 빗의 회전법

빗을 회전하는 방법은 주먹을 쥔 후 오른손 검지와 엄지를 이용하여 몸체의 중간을 잡고 중지로 빗의 중간 아래를 가볍게 튕기며 엄지를 빼주면서 180도 회전을 시켜준 후 다시 원위치를 시키면 된다.

(1) 빗살의 구분을 위한 회전

1

2
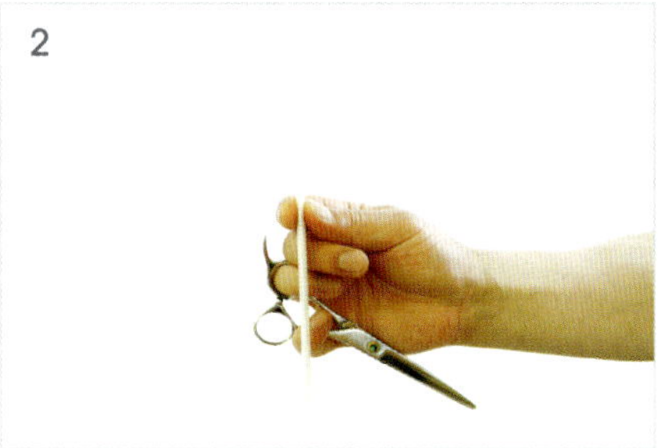

1. 빗의 중간위로 잡는다.
2. 중지를 지렛대의 축을 이용하듯 검지와 엄지로 중지를 축으로 돌린다.

3

4

3. 다시 엄지손가락으로 당겨서 90도 회전시킨다.
4. 검지와 엄지로 빗을 유지하고 검지의 위치를 바꾸어 중지를 빗등에 위치하며 반복한다.

(2) 수직패널을 위한 회전

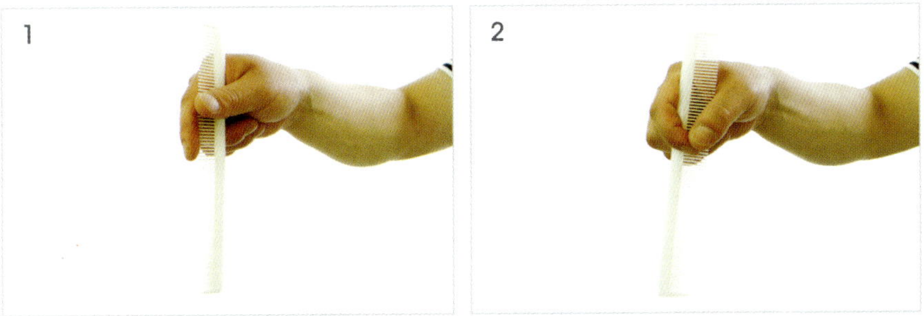

1, 2. 빗의 몸통 중간에서 약간 윗부분을 잡고 중지를 빗의 뒤에 위치하고 있다.

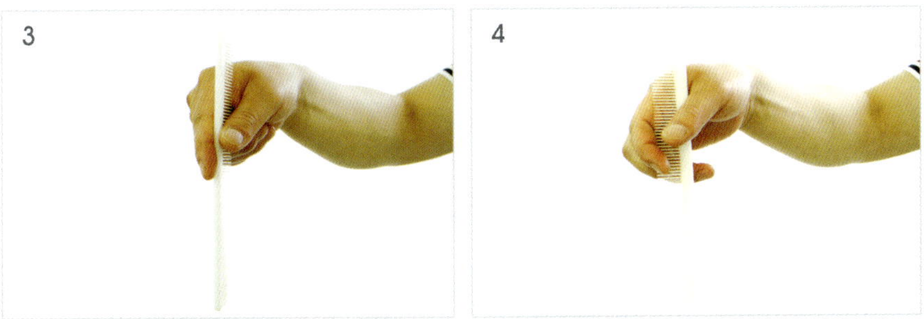

3, 4. 중지로 빗을 밀면서 동시에 엄지가 빠져준다.

4. 빗질의 종류

1) 자연분배(Natural distribution)

자연분배란 자연스럽게 중력의 방향으로 떨어지는 모발을 따라서 빗질을 행하는 것을 말한다. 다시 말해서 사람이 자연본체 또는 앉아 있을 때 두상이 바로 서 있는 상태에서 모발의 빗질이다.

빗살이 보이는 위치에서 두상을 따라 빗질하고 마지막에는 빗이 수평을 유지하며 빠진다.

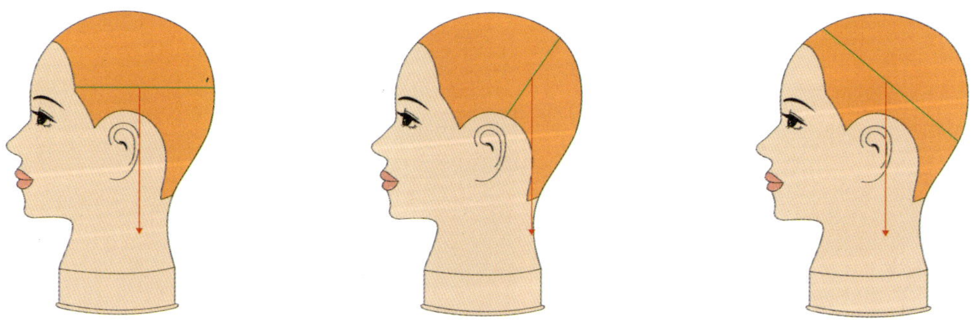

2) 수직분배(Perpendicular distribution)

두상의 각 위치에서 직각이 되는 위치에서 패널의 중심부가 접점을 이룰 때 빗질의 방향을 말한다.

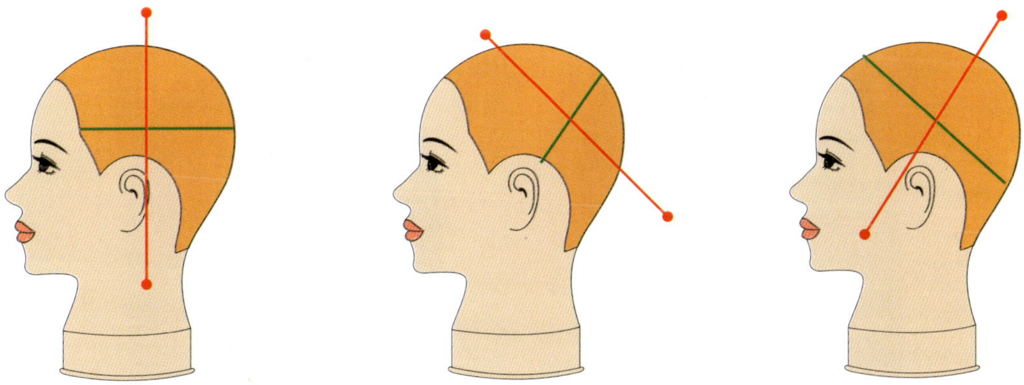

3) 방사상 빗질(Radial distribution)

리세션(Recession)을 중심으로 인터널의 방사빗질을 말하며 이는 주로 원렝스에서의 커트시 가마중심에 있는 힘을 거슬리지 않고 길이의 균등한 분배를 위한 빗질이다.

가마에서 원심 또는 구심의 방향으로 빗을 세워 균등하게 빗질을 해 주면 된다.

4) 감성적 빗질(Emotional distribution)

커트선이 보이도록 두상에서의 형태에 맞도록 빗질을 하여 무게감 및 층의 흐름이 보이도록 하는 빗질이다. 이때 얼레살의 빗질을 통하여 텐션 없이 이루어져야 한다. 그리고 라인을 정리할 때에도 이러한 감성적인 빗질을 통하여 디자인의 리셋(Reset)시 프리미터라인(Primeter line)의 정리에 적합하다.

커트선이 보이는 빗질

텐션이 느껴지는 빗질

CHAPTER 03 _ 커트자세(Posture for hair cut)

1. 커트자세의 중요성

헤어디자인을 작업할 때의 자세는 디자인을 좌우할 만큼 중요하다. 몸의 균형이 곧 디자인의 밸런스에 영향을 미치기 때문에 자기 자신의 몸의 기울기가 천체축과 맞물려 있다는 것을 알고 자세를 확실하게 체득하여야 하며 장시간 작업시에 부상예방 및 방지를 할 수 있다.

또한 올바른 자세에서 좋은 시술각이 나올 수 있다. 예를 들어 무릎을 구부리지 않고 언더존을 작업해야 한다면 허리를 웅크리고 힙이 뒤로 빠지는 현상이 경추나 요추에 무리를 주며 몸을 고객 또는 마네킨 주위를 돌지 않고 상체만 무리하게 움직이면 근육통이 올 수 있다.

좋은 예

나쁜 예

2. 커트자세의 종류

1) 자연본체(Natural stands)

두발의 위치가 어깨정도 벌어진 각도로 어떤 한쪽의 기울기가 없고 허리는 똑바로 편 상태이다. 자연본체가 되지 않으면 시술각의 기본설정이 흐트러지기 때문에 정확한 각도를 얻을 수 없기 때문에 항상 거울을 통해서 자세의 기울기가 없는지 항시 확인을 해야 한다.

2) 열십자체(Cross stands)

자연본체에서 양쪽 팔의 이두를 최대한 이완하고 팔꿈치를 90도로 들어올려 수평을 만든 자세이다. 이 자세를 응용하여 호리존틀 파팅과 평행을 유지하여 정확한 라인을 만들 수 있기 때문에 평소에 어깨의 이완과 신전을 숙련시켜야 한다.

3) 앞굽이체(Bend stands)

자연본체를 기준으로 왼발의 위치가 오른발보다 한 보 앞에 위치하고 한 쪽 무릎을 60도로 구부려 준다. 이 자세는 언더존 작업시 허리의 구부림을 피할 수 있어 안정된 자세로 시술을 할 수 있으며 미들존에서의 낮은 시술각으로 작업 시 손목의 과도한 꺾임을 피할 수 있다.

자연본체

열십자체

앞굽이체

3. 블런트 커트를 위한 자세

블런트 커트는 모든 시술자세의 기본이면서 동시에 응용의 범위가 많다. 그러므로 이 자세를 반드시 숙지하여야 한다.

1) 수평패널

블런트 커트를 하기 위한 자세이며 정확한 프리미터 라인을 얻기 위한 효율적인 커트 자세로 왼팔의 수평자세에서 오른손의 기본가위질을 사용한다.

2) 수직패널

왼쪽 또는 오른 앞굽이체에서 왼팔의 90도로 굴곡한 상태를 유지하고 기본가위질이 좌측 90도로 회전하여 커트를 하면 된다.

3) 사선패널

왼쪽 또는 오른 앞굽이체에서 왼팔의 굴곡한 상태를 유지하고 기본가위질이 좌 또는 우로 45도 정도의 커트이다.

수평

수직

사선

4. 스트록 커트(Stroke cut)를 위한 자세

1) 사이드 스트록(Side stroke)

스트록의 기본자세로 왼손이 패널을 수평으로 파지하고 기본가위질의 가위의 앞쪽이 패널과 평행하게 한 후 가위의 개폐와 함께 90도 각도의 가동범위 안에서 밀어치는 자세이다.

2) 업 스트록(Up stroke)

스트록 기본자세에서 오른 앞굽이 자세를 취한 후 기울기가 좌측으로 90도 정도의 각도로 회전해 주기 위해 팔꿈치의 위치를 상,하로 위치하여 주면 된다.

3) 다운 스트록(Down stroke)

스트록 기본자세에서 왼 앞굽이 자세를 취한 후 기울기를 업 스트록과 반대의 90도 각도로 회전해 주면 된다.

사이드 스트록

업 스트록

다운 스트록

CHAPTER 04_ 방사상(Radial)섹션의 이해

1. 레디얼의 개념(Radial section)

레디얼은 방사상이라고 하는데 중앙의 한 지점에서 사방으로 자전거바퀴살처럼 죽죽 내뻗친 모양을 말하며 두상에 있어서는 오버존에서의 백부분을 말한다. 이는 다른 섹션보다는 굴곡이 많은 부분이므로 방사상 모양을 두상에 적용시킨 것으로 층을 골고루 분배할 수 있다.

2. 레디얼 파팅(Radial parting)

1) 레디얼 베이스의 변화

1. 프로파일

2. 좌측 2번째 패널

3. 좌측 3번째 패널

4. 측두 마지막 패널

5. 우측 2번째 패널

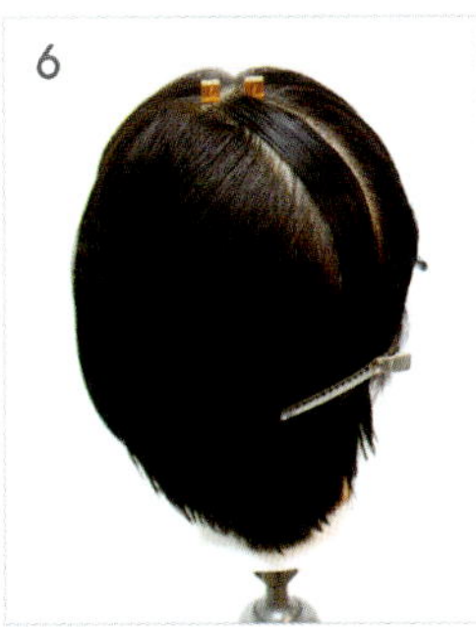

6. 우측 3번째

7. 우측 마지막 패널

2) 베이스의 분배연습

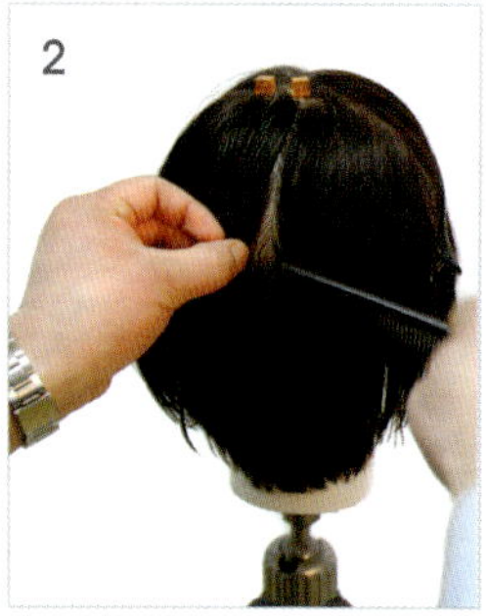

1. 좌측의 파팅선
2. 우측의 파팅선
3~5. 목표한 파팅의 패널만을 남겨둔다.

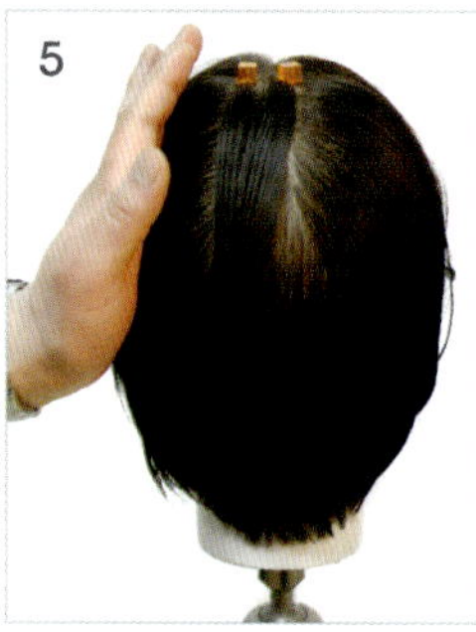

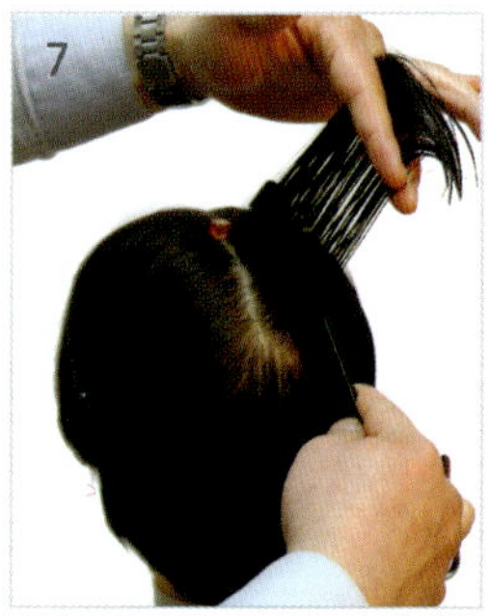

6. 손으로 패널을 잡는다.
7. 빗등이 두피를 향하여 눕는다.
8, 9. 그대로 수직으로 들어올려준다.

10, 11. 측면에서의 빗질의 모습

Part 3

디자인 드릴

Chapter

CHAPTER 01 _ 라인 워크샵(One Legnth)

원렝스의 개념

원렝스커트란 단차없는 같은 길이의 커트라는 의미로 하나의 라인에서 만나는 형태이다. 따라서 단정하고 세련된 이미지를 연출할 수 있다. 원렝스는 커트라인의 방향에 따라 컨케이브, 수평, 컨벡스 등의 스타일을 연출할 수 있다.

1. 전대각(Diagonal forward, Concare)

1) 이미지 및 특징

백(Back)에서 기장의 흐름이 앞쪽으로 점차 길어지며 후면에서 관찰하면 'A' 라인처럼 보이기 때문에 컨케이브(concave)의 모양을 형성한다. 또한 턱선을 따라 지나는 앞쪽 사선이므로 내성적이고 도도한 이미지가 컨트롤 될 수 있으며 사이드가 길기 때문에 귀 뒤로 넘기기가 용이하다.

정

측

후

2) 도해도(Graphic structure)

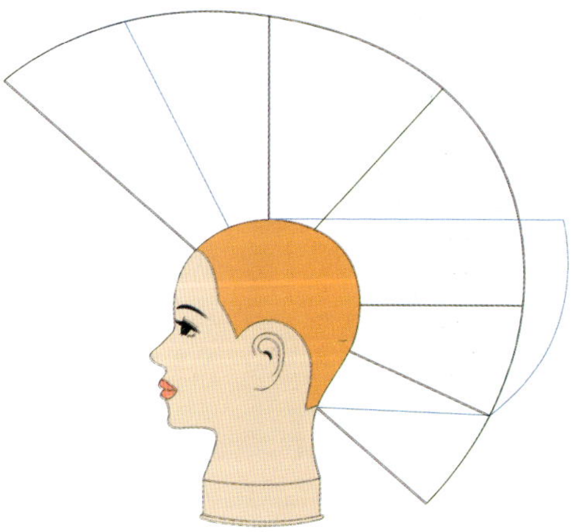

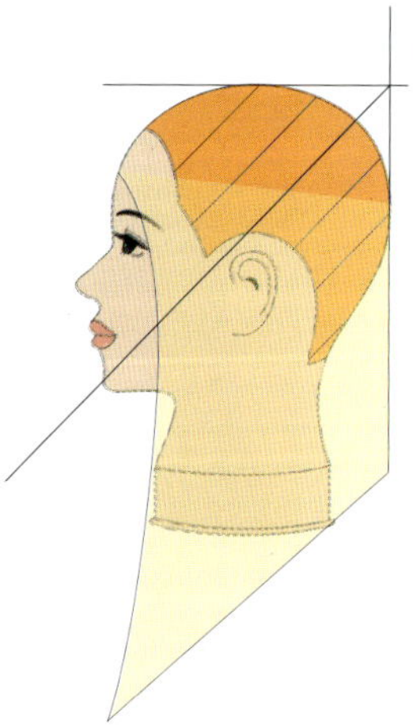

3) 디자인구성

<table>
<tr><th colspan="7">Design concept</th></tr>
<tr><td>섹션</td><td colspan="2">2섹션(Recession)</td><td>시술각</td><td colspan="3">'0' 도</td></tr>
<tr><td rowspan="2">파팅</td><td>over</td><td>없음</td><td rowspan="2">흐름</td><td>라인</td><td colspan="2">전대각(천체축흐름)30도</td></tr>
<tr><td>under</td><td>다이어거널 포워드</td><td>층</td><td colspan="2">없음</td></tr>
<tr><td rowspan="3">베이스</td><td colspan="2" rowspan="3">없음</td><td rowspan="3">빗질</td><td>언더</td><td colspan="2">자연빗질</td></tr>
<tr><td rowspan="2">오버</td><td>백</td><td>방사빗질(가마)</td></tr>
<tr><td>사이드</td><td>자연빗질</td></tr>
</table>

4) 진행순서

① 섹셔닝

앞

뒤

좌

우

② 길이 및 가이드패널 설정(N.P ~ F.S.C.P)

45도 각도 설정

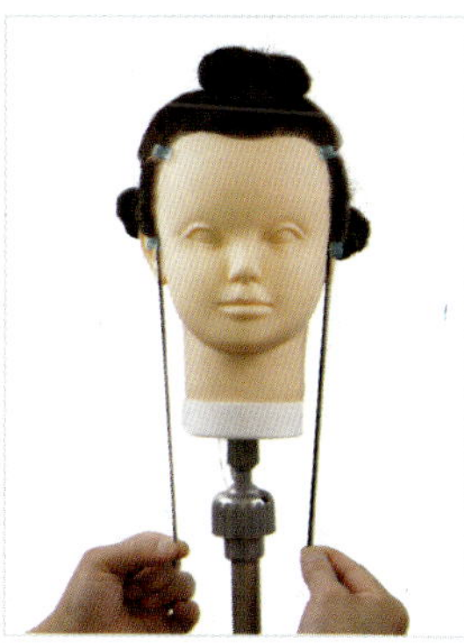
F.S.C.P 양쪽길이 교정

가이드패널 베이스파팅

컨케이브라인

③ 시술과정

1. 컨케이브 파팅을 따라 중심부를 2센티 가량 커트해 준다.

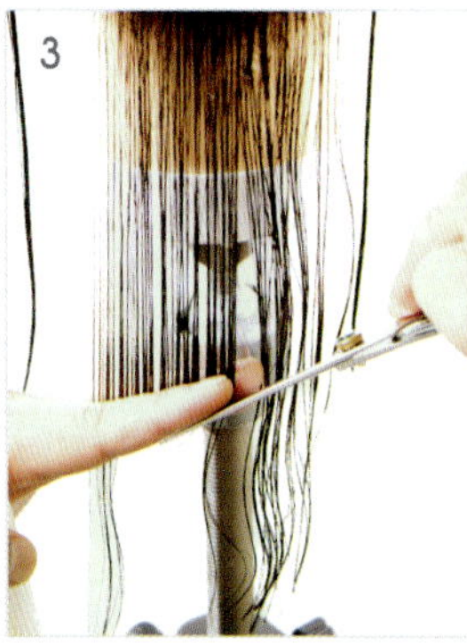

2~4. 빗은 수평으로 둔 후 손의 각도를 약 45도 맞춘 후 커트한다.

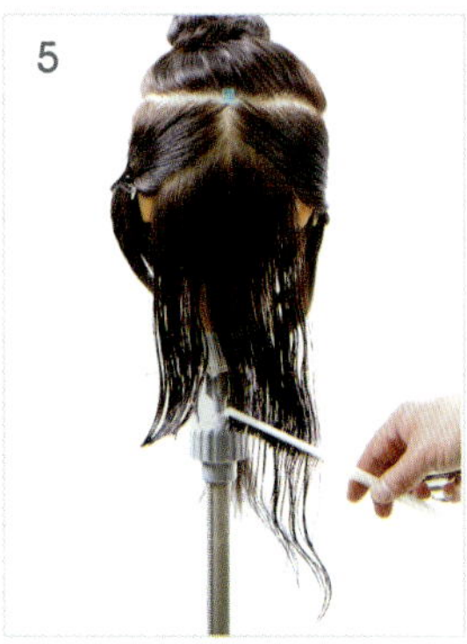

5. 연속하여 컨케이브 파팅을 유지하면서 가이드 라인을 보면서 커트한다.

6. 양쪽의 밸런스를 체크한다.

7~11. 리셋션과 가까워 질때까지 커트하고 사이드의 모량은 코움컨트롤로 커트해 준다.

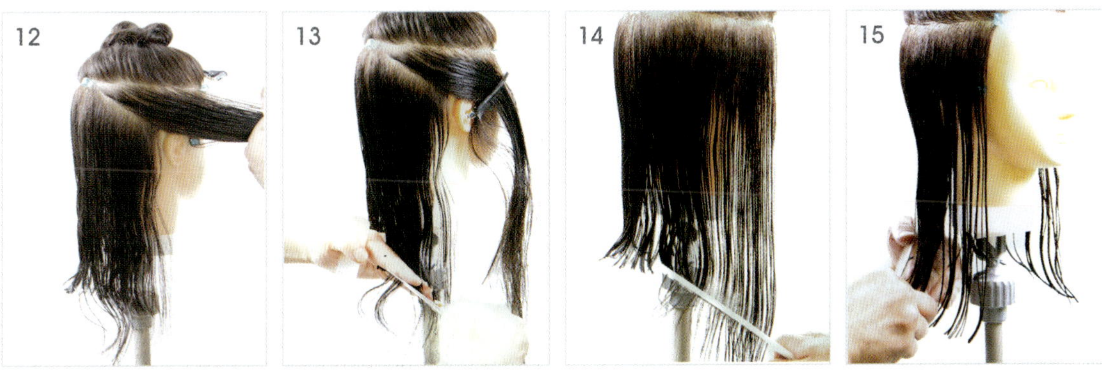

12~15. 반대편도 동일하게 커트해 준다.

16. 정면에서 바라볼 때의 밸런스를 체크해 준다.

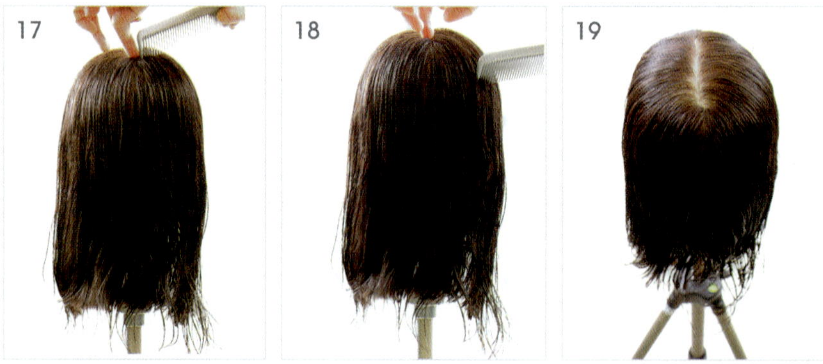

17~19. 가마중심에서 방사상으로 고르게 빗의 얼레살로 분배해 준다.

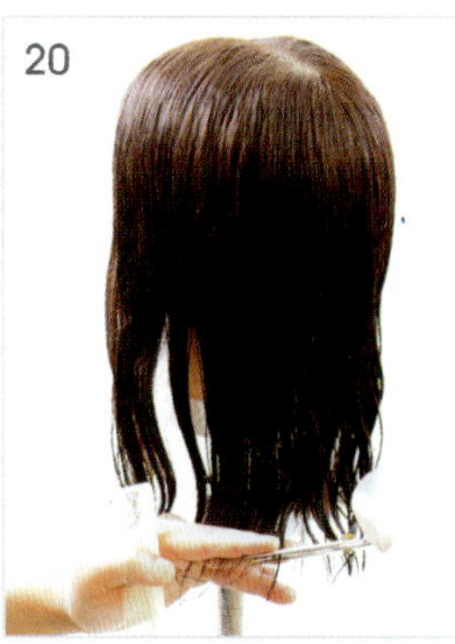

20. 백(Back)은 패널을 손으로 잡고 커트해 준다.

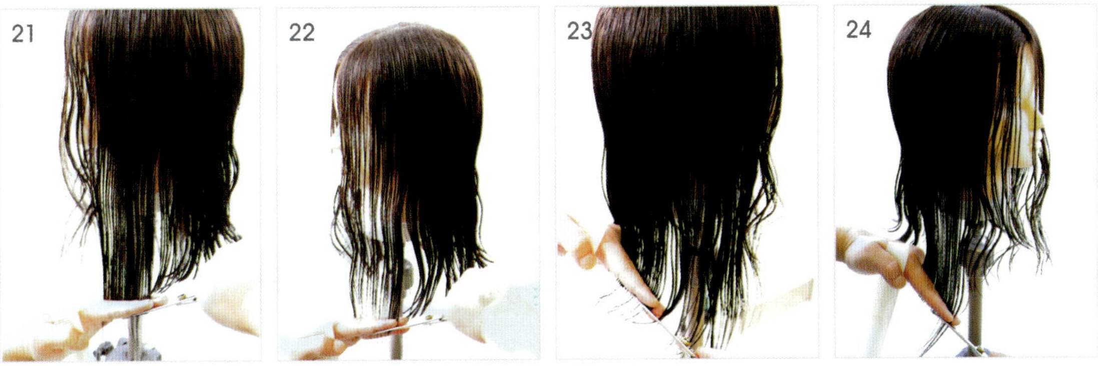

21~24. 빗의 얼레살을 이용해 주어 텐션을 무리하게 주지 않고 커트해 준다.

25. 드라이완성 후 엔드라인을 정리해 준다.

2. 수평(Horizontal)

1) 이미지 및 특징

라인의 흐름이 없기 때문에 안정감이 있고 차분해 보이는 스타일로서 깔끔한 이미지를 만들 수 있다. 천체축의 0도의 각도를 유지하여 어느 방향에서도 수평선을 유지하도록 만들어야 하므로 시술시 두상을 중심으로 움직여 커트해야 한다.

2) 도해도(Graphic str ucture)

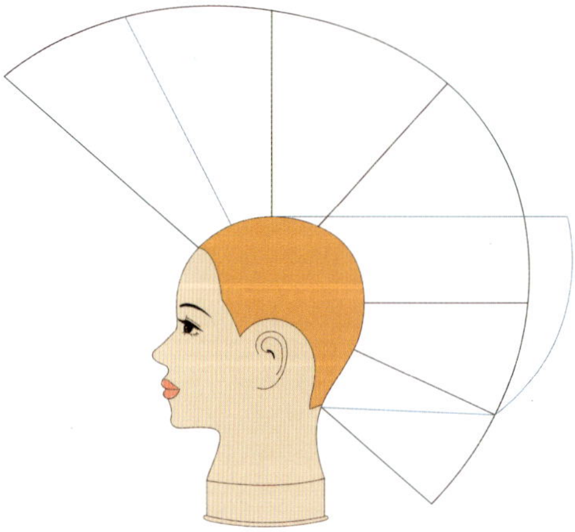

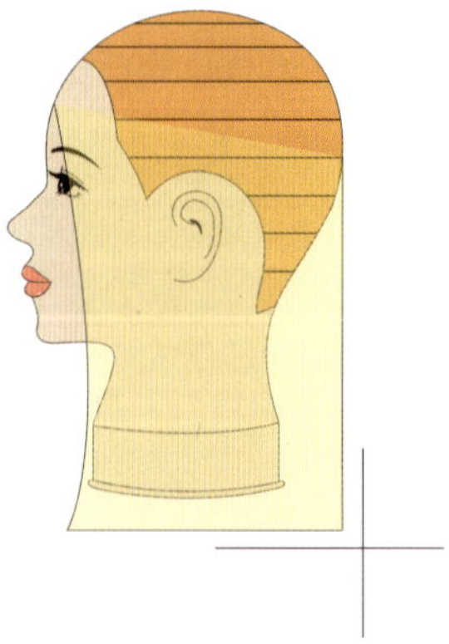

3) 디자인구성

<table>
<tr><th colspan="7">Design concept</th></tr>
<tr><td>섹션</td><td colspan="2">2섹션(Recession)</td><td>시술각</td><td colspan="3">없음</td></tr>
<tr><td rowspan="2">파팅</td><td>오버</td><td>없음</td><td rowspan="2">흐름</td><td>라인</td><td colspan="2">없음</td></tr>
<tr><td>언더</td><td>수평(천체축 0도)</td><td>층</td><td colspan="2">없음</td></tr>
<tr><td rowspan="3">베이스</td><td colspan="2" rowspan="3">없음</td><td rowspan="3">빗질</td><td>언더</td><td colspan="2">자연빗질</td></tr>
<tr><td rowspan="2">오버</td><td>백</td><td>방사상빗질</td></tr>
<tr><td>사이드</td><td>자연빗질</td></tr>
</table>

4) 진행순서

① 섹셔닝

앞

뒤

좌

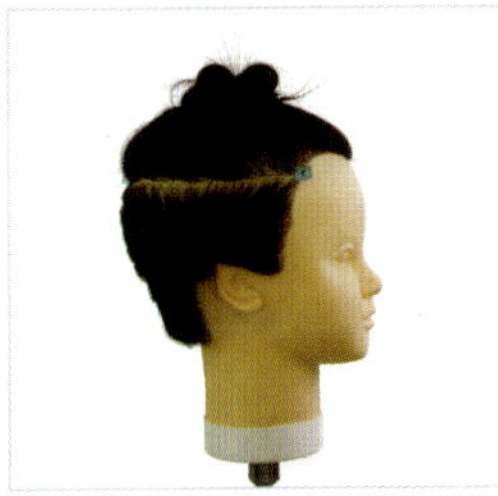
우

② 길이 및 가이드패널 설정(N.P ~ F.S.C.P)

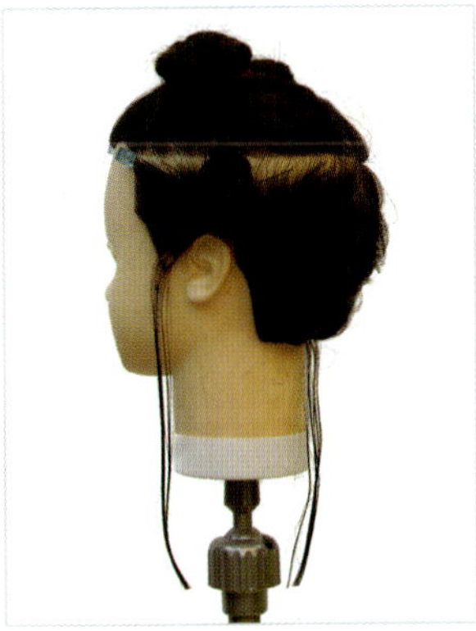
천체축 0도

가이드패널 길이설정

최종길이 20센티

③ 시술과정

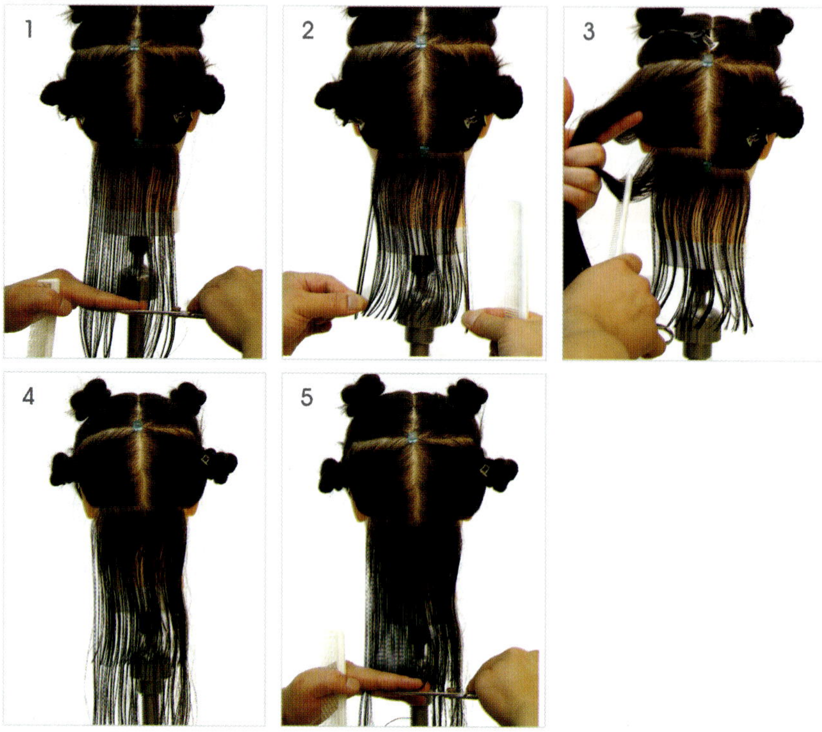

1. 가이드중심을 잡는다.
2. 가이드패널을 커트한 후 양쪽 N.S.P의 길이를 확인한다.
3. 호리존틀파팅을을 나눈다.
4. 가이드패널을 덮은 상태
5. 가이드라인을 보면서 응용가위질을 사용하여 커트한다.

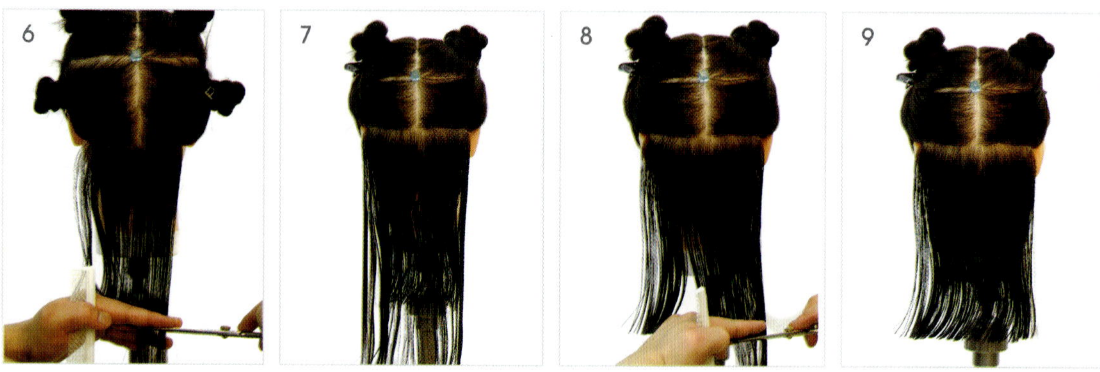

6~9. 두상의 둥근 흐름을 몸이 이동하며 커트한다.

10. 상위 패널이 덮은 상태

11. E.P를 기점으로 사이드쪽은 모량이 거의 없는 상태이다.

12~14. 빗을 사용하여 텐션을 줄여서 커트해 나간다.

15. 리셋션 하부 마지막 파트라인을 커트해 준다.

16~19. 반대편도 동일한 테크닉으로 해 주면 된다.

20. 방사상빗질을 해준다.

21~25. 코움컨트롤로 방사상위치에서 커트해 준다.

26. C.P를 중심으로 프린지섹션을 자연빗질로 커트해 준다.

27

28

29

27~29. 완성된 모습

3. 후대각(Diagonal backward, Convex)

1) 이미지

앞쪽에서 뒤로 점차 길어지므로 앞면에서 보면 발랄해 보이는 이미지라인이 연출되며 좀 더 동적인 느낌을 주는 라인의 흐름이 있다.

정 측 후

2) 도해도(Graphic structure)

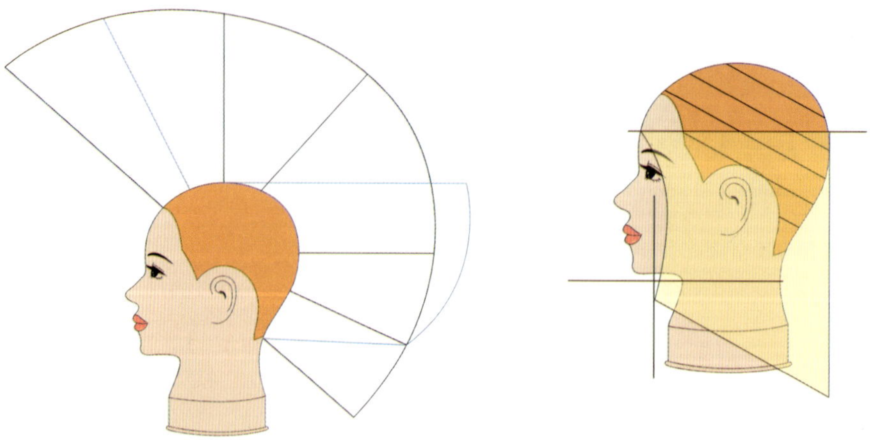

3) 디자인구성

Design concept						
섹션	2섹션(Recession)		시술각	없음		
파팅	오버	없음	흐름	라인	후대각 45도	
	언더	다이어지널백		층	없음	
베이스	없음		빗질	언더	자연빗질	
				오버	백	방사상빗질
					사이드	자연빗질

4) 진행순서

① 섹셔닝

앞

뒤

좌

우

② 길이 및 가이드패널 설정

후대각 45도

컨벡스(Convex)의 파팅선

가이드패널과 파팅이 동일한 라인

③ 시술과정

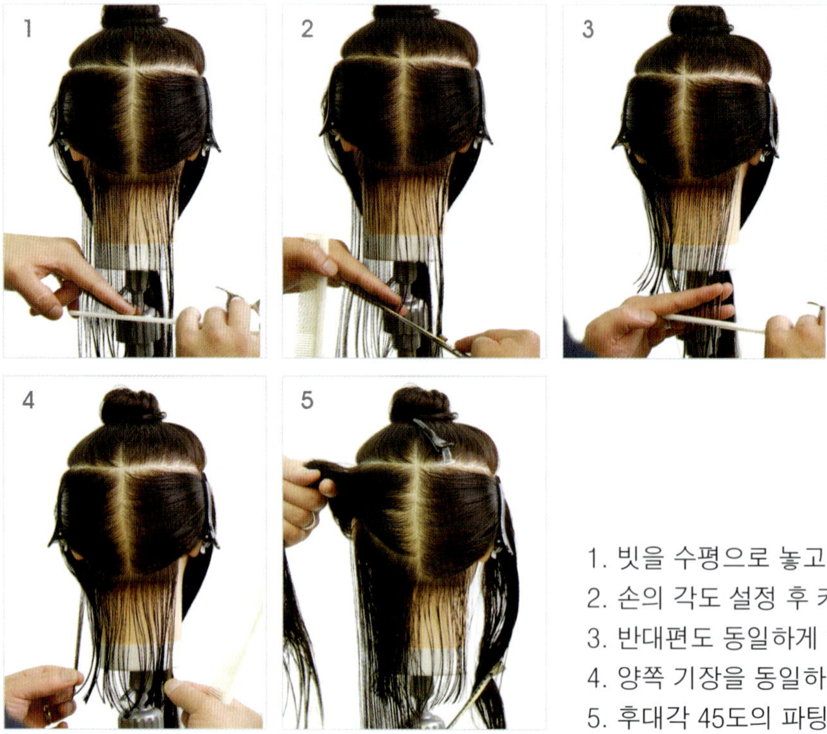

1. 빗을 수평으로 놓고 손의 각도를 정한다.
2. 손의 각도 설정 후 커트해 준다.
3. 반대편도 동일하게 한다.
4. 양쪽 기장을 동일하게 설정해 준다.
5. 후대각 45도의 파팅을 유지한다.

6-10. 좌측부터 동일하게 진행해 주면서 몸을 두상의 흐름에 따라 움직여 주면서 커트해 주어야 한다.

11. 가이드가 없는 부분은 코움컨트롤을 사용한다.

12. 사이드파팅을 포함한 패널이다.

13, 14. 손과 빗을 적절히 이용하여 사이드파트까지 커트해 준다.

15. 빗과 가위를 이용하여 평행인지를 체크해 준다.

16. 왼쪽 사이드까지 커트한다.

17, 18. 반대편도 동일하게 커트해 준다.

19. 언더존의 마지막 파트이다.

20. 자연빗질 후 손가락으로 밀어주어 드라이한후 언더컷해줄 머리가 없게 만들어 준다.

21. 측면에서의 텐션

22-24. 두상을 따라 몸을 이동하며 커트해 준다.

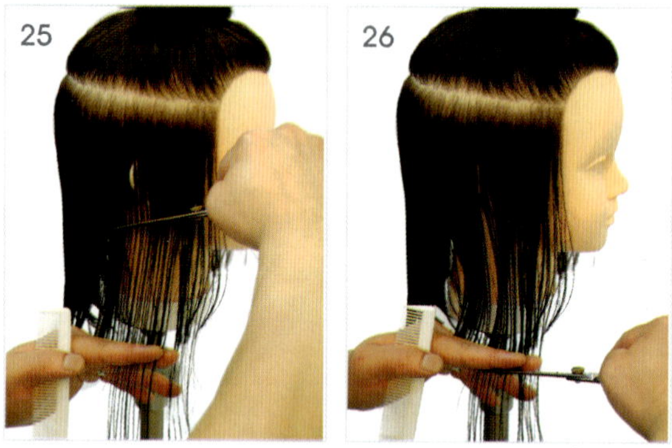

25, 26. 사이드의 패널을 가위로 눌러준 후 커트한다.

27. 언더존의 완성된 모습이다.

28. 오버존의 모발이 방사상으로 덮인 모습이다.

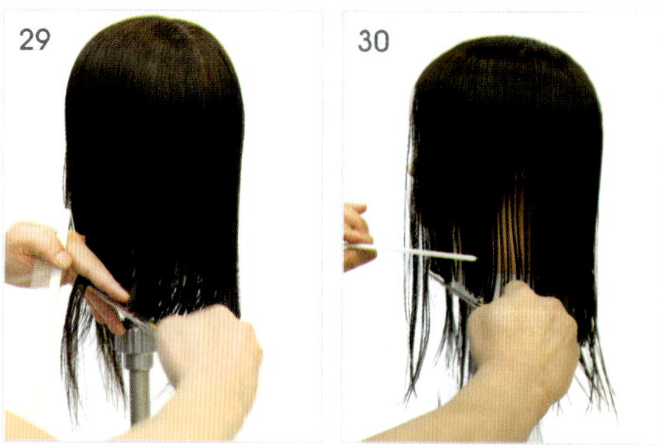

29, 30. 빗의 얼레살을 이용하여 커트해준다.

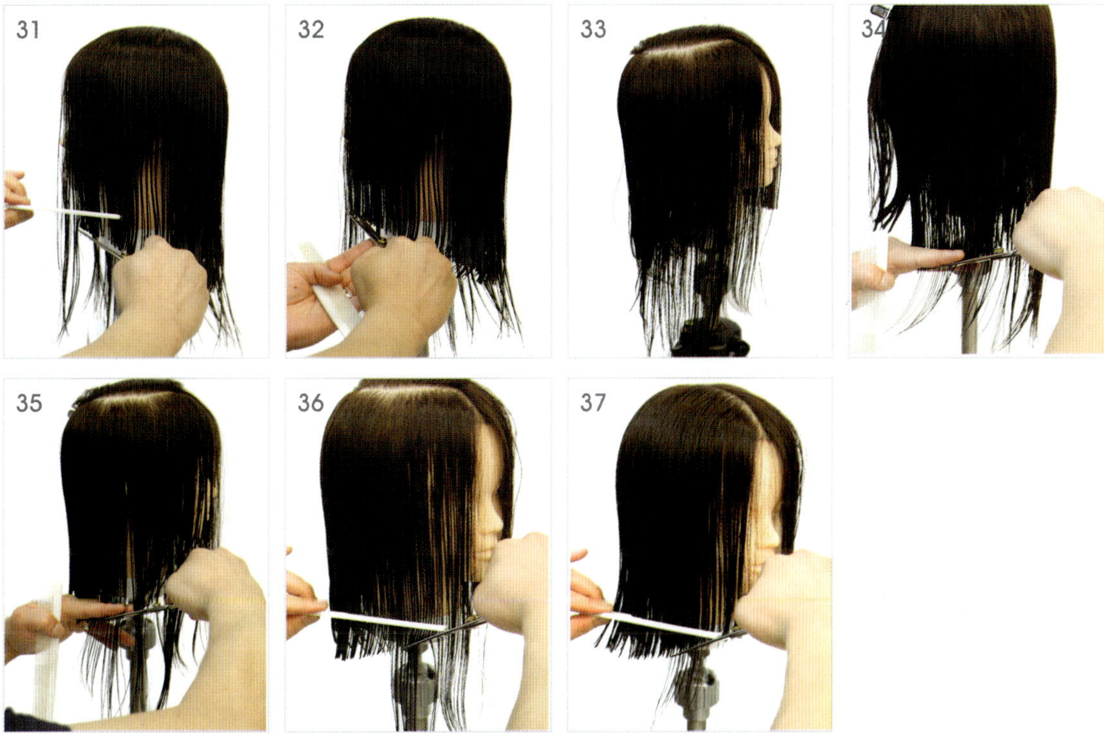

31~37. 빗과 손을 적절히 이용하여 커트해 준다.

38, 39. 커트 완성후 모습

CHAPTER 02 _ G 폼

1. 그래쥬에이션(Graduation) 전대각(diagonal forward)

1) 이미지 및 특징

그래쥬에이션은 원렝스와는 달리 하부의 층이 있는 부분과 상부의 무거운 부분이 만나 이루는 혼합형으로 무게감과 안쪽으로 감기는 느낌의 부드러움을 표현하기에 좋으며 두상보다 볼록한 이미지를 연출할 수 있고 원렝스와 함께 안정적인 느낌을 가지고 있다. 또한 전대각은 그래쥬에이션만이 가질 수 있는 둥근층과 함께 턱선으로 감기는 듯한 긴장감이 있다.

정면

측면

후면

2) 도해도(Graphic structure)

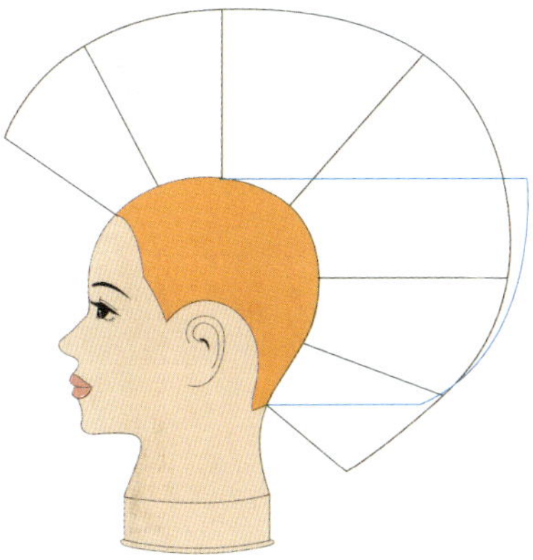

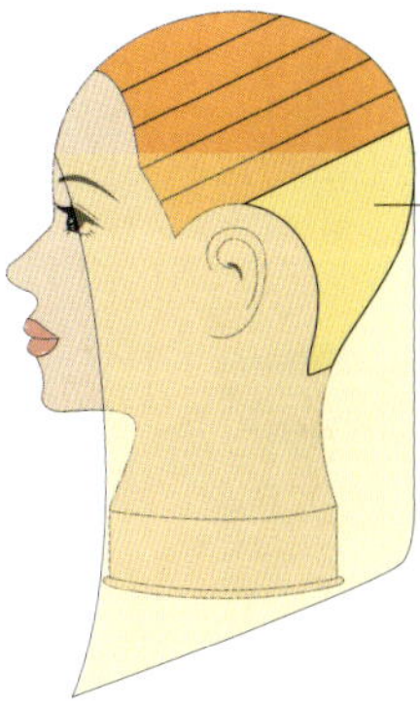

3) 디자인구성

<table>
<tr><th colspan="7">Design concept</th></tr>
<tr><td>섹션</td><td colspan="2">2섹션/언더섹션 블록컷</td><td>시술각</td><td colspan="3">천체축 45 ~ 60도</td></tr>
<tr><td rowspan="2">파팅</td><td>오버</td><td>다이어거널 포워드</td><td rowspan="2">흐름</td><td>라인</td><td colspan="2">전대각</td></tr>
<tr><td>언더</td><td>원랭스</td><td>층</td><td colspan="2">낮음</td></tr>
<tr><td rowspan="3">베이스</td><td colspan="2" rowspan="3">이동디자인라인</td><td rowspan="3">빗질</td><td>언더</td><td colspan="2">자연빗질</td></tr>
<tr><td rowspan="2">오버</td><td>백</td><td>퍼펜디큘러</td></tr>
<tr><td>사이드</td><td>퍼펜디큘러</td></tr>
</table>

4) 진행순서

① 섹셔닝

앞

우

뒤

좌

② 언더섹션 블록라인 및 고정가이드라인 설정

컨케이브라인

G.P까지 45도

G.P이상 60도

그래쥬에이션
프로파일라인

① 시술과정

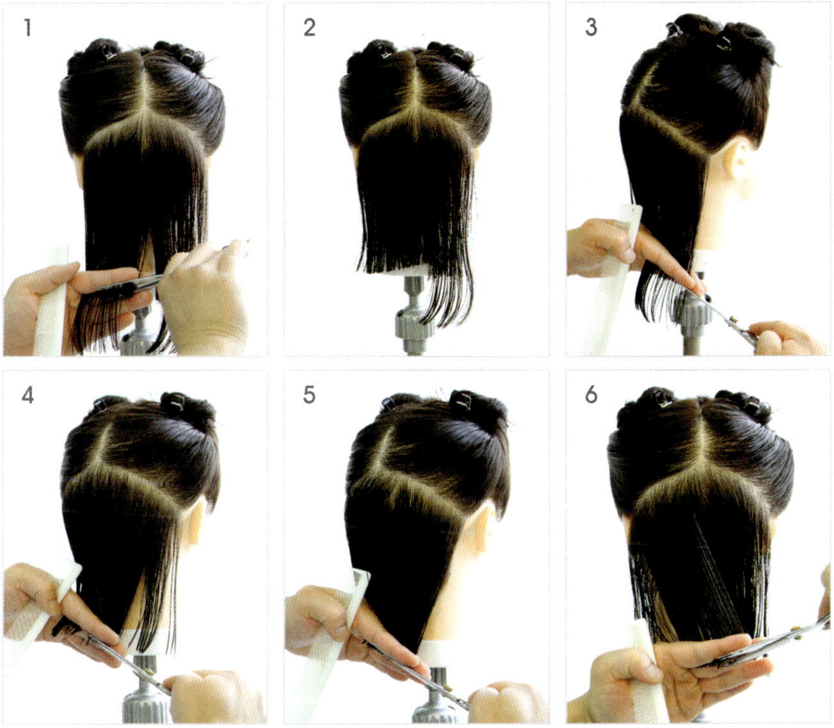

1~6. 컨케이브라인을 층이 없는 원렝스컷을 두상을 따라 이동해 주면서 커트해 준다.

7. 블록커트완성

8-12. 천체축 45도로 들어주어 파팅과 직각이 되는 빗질을 해주어 커트한다.

13, 14. 반대편도 동일한 각도를 유지하여 커트해 준다.

15. 두상의 둥근 곡선을 따라 파팅을 나누어 준다.

16~24. G.P에서부터는 천체축 60도를 유지하면서 커트한다.

25, 26. 중간에 층의 간격과 흐름을 체크한다.

27~30. 각도를 유지하면서 순차적으로 커트해 나간다.

31–34.트라이앵글(tri–angular)섹션의 모양이 만들어진 모습

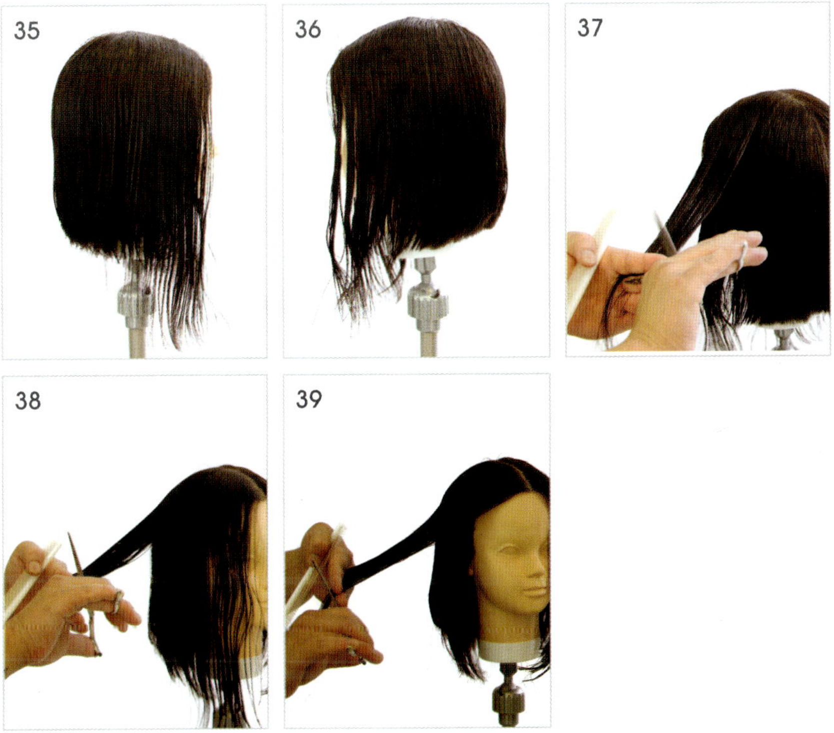

35~39. 가상의 전대각 라인과 가이드라인을 일치하여 마무리한다.

2. 그래쥬에이션 후대각(Diagonal backward)

1) 이미지 및 특징

후대각 그래쥬에이션은 층의 원심을 이용하여 얼굴 앞쪽에서 뒷방향으로 흐름을 전환하게 만든 커트의 원리이다. 직각빗질(Perpendicular distribution)을 이용하여 모발의 회전력을 만든다. 전체적인 블록형을 만들기 위해 언더존의 층을 만들지 않고 오버존으로 연결되는 지점에서부터 45도부터 시작하여 무게감을 완화시키는 60도까지 또는 두형에 따라 약간 시술각을 높여도 무방하다. 나이든 사람보다는 어릴수록 잘 어울리는 기본 디자인이다.

정면 측면 후면

2) 도해도(Graphic structure)

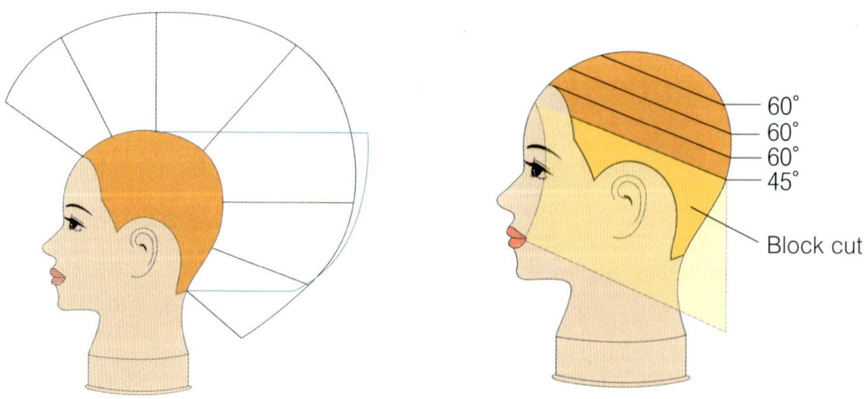

3) 디자인구성

<table>
<tr><th colspan="7">Design concept</th></tr>
<tr><td>섹션</td><td colspan="2">2섹션/언더섹션 블록컷</td><td>시술각</td><td colspan="3">천체축 45 ~ 60도</td></tr>
<tr><td rowspan="2">파팅</td><td>오버</td><td>다이어거널 백</td><td rowspan="2">흐름</td><td>라인</td><td colspan="2">후대각</td></tr>
<tr><td>언더</td><td>원렝스</td><td>층</td><td colspan="2">낮음</td></tr>
<tr><td rowspan="3">베이스</td><td colspan="2" rowspan="3">고정가이드라인</td><td rowspan="3">빗질</td><td>언더</td><td colspan="2">자연빗질</td></tr>
<tr><td rowspan="2">오버</td><td>백</td><td>직각빗질</td></tr>
<tr><td>사이드</td><td>직각빗질</td></tr>
</table>

4) 진행순서

① 섹션과 시술각도

언더존 블록 컷

45도 다이어거널 백

콘벡스 섹션라인

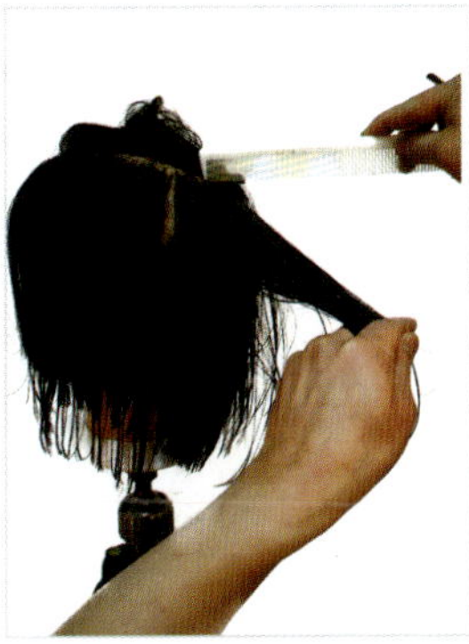

G.P기준 45도 시술각

② 시술과정

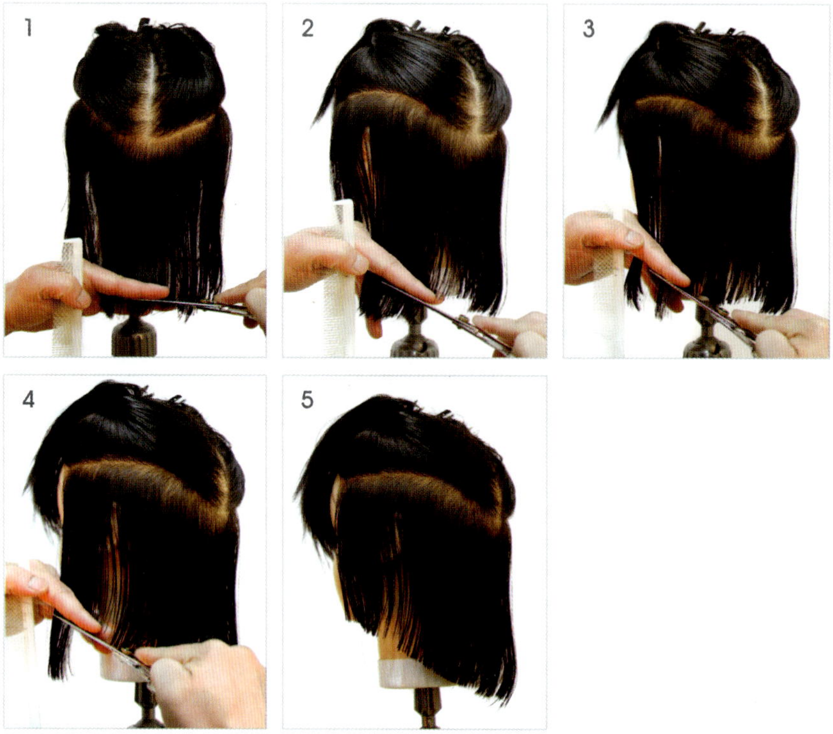

1~5. 언더존의 블록커트를 후대각으로 만들어 준다.

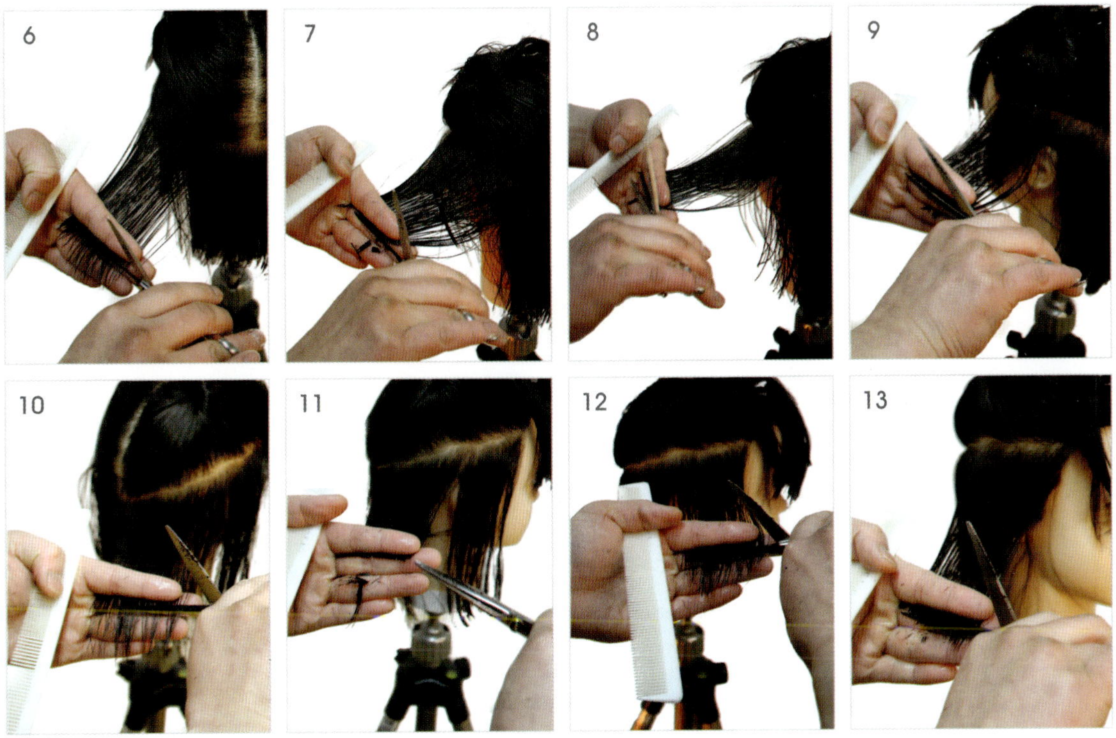

6~13. 30도 각도의 고정디자인라인으로 파팅을 나누지 않고 커트해 준다.

14-16. 첫 후대각 파팅의 커팅모습이다.

17~20. 직각빗질을 유지하고 45도의 시술각으로 커트한다.

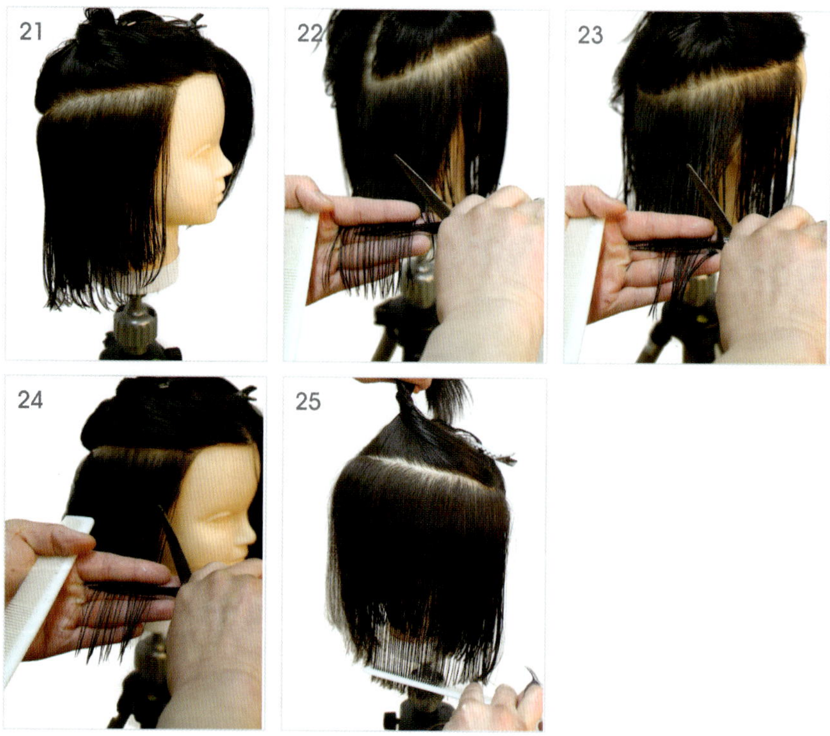

21~25. 반대편도 동일하게 커트해 준다.

26~30. G.P기점으로 시술각 60도로 설정하여 커트한다.

31. 마지막 패널이 덮인 상태

32~36.가상의 후대각선에 맞추어 커트해 나간다.

37, 38. 프론트섹션을 45도의 시술각으로 코너만 제거해준다.

3. 봅(Bob)스타일

1) 이미지 및 특징

봅 스타일은 목선이 들어나는 라인과 턱선으로 조금 길어지는 라인이 큰 특징이라고 할 수 있으며 다이어거널 포워드의 흐름을 주어 얼굴방향으로 쏠리는 듯한 인상을 주고 베이직 그래쥬에션과는 달리 2섹션의 상부(Internal)에서는 피봇탈(pivotal) 파팅을 이용하여 더욱 구심의 흐름을 강조하기 때문에 어떤 유형의 얼굴형이더라도 무난하게 적용시킬수 있다.

봅 스타일의 여러 각도에서 본 모습

2) 도해도(Graphic structure)

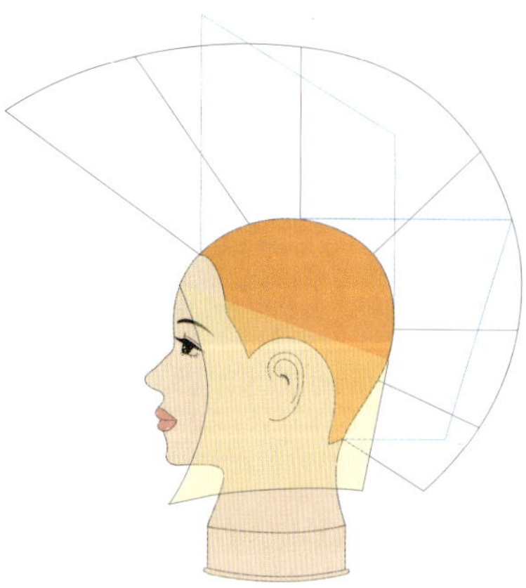

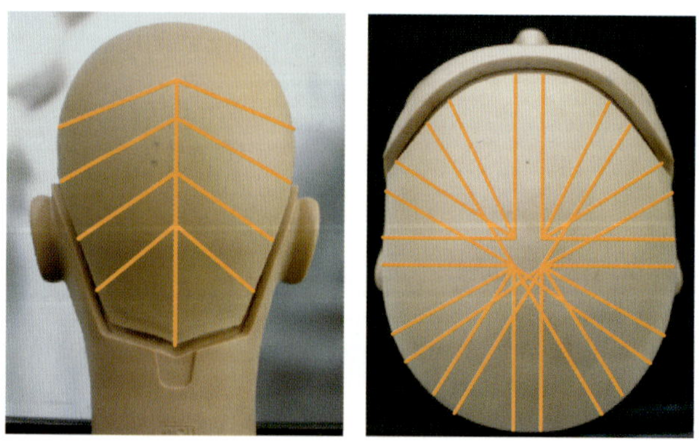

피봇탈 파팅

3) 디자인구성

Design concept						
섹션	2섹션		시술각	언더	천체축 45 ~ 60도	
				오버	두상각 90도	
파팅	언더	수직	흐름	라인	컨케이브	
	오버	피봇탈		층	다이어거널 포워드	
베이스	온 더 베이스		빗질	언더	수직	
	사이드 베이스			오버	백	수직
					사이드	수직

4) 진행순서

① 섹셔닝 및 가이드라인 설정

1. T.G.M.P기점에서 F.S.P까지 2섹션
2. T.G.M.P에서 O.P(오씨피탈지점)까지 나누어주고 다시 그 기점에서 N.S.P까지 나누어준다.
3. 수직파팅 가이드라인–그래쥬에이션 기준길이 8cm내외
4. 얼굴방향으로 길어진 층의 흐름(전대각)

② 시술과정

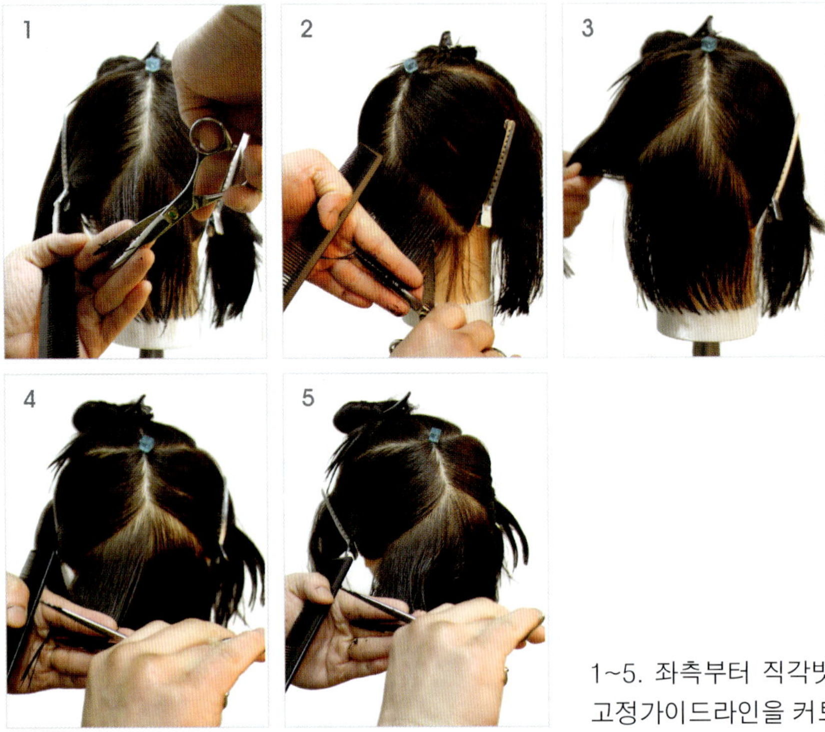

1~5. 좌측부터 직각빗질하여 천체축 45도의 고정가이드라인을 커트한다.

6~10. 다이어거널 포워드파팅을 유지하며 파란색 큐빅 인디케이터(Indicator)까지 커트해 준다.

11~15. 각도에 유의하며 패널을 떨어뜨리지 않고 F.S.P까지 연결하여 커트해 준다.

16~21. 언더존의 커트가 끝난 후 라인을 코움 컨트롤로 다이어거널 포워드의 라인으로 만들어 준다.

22. 오버존을 방사상빗질을 한 모습

23. 피봇탈 파팅을 인디케이터로 표식을 해 놓았다.

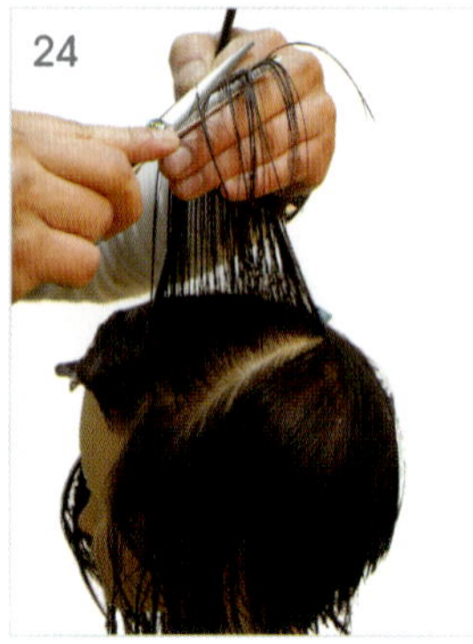

24. 피봇파팅을 가이드라인을 보고 커트한다.

25. 파팅이 넓기 때문에 두 세 번에 걸쳐 작업한다.

26~31. 계속 진행하여 정중선에서 마무리 한다.

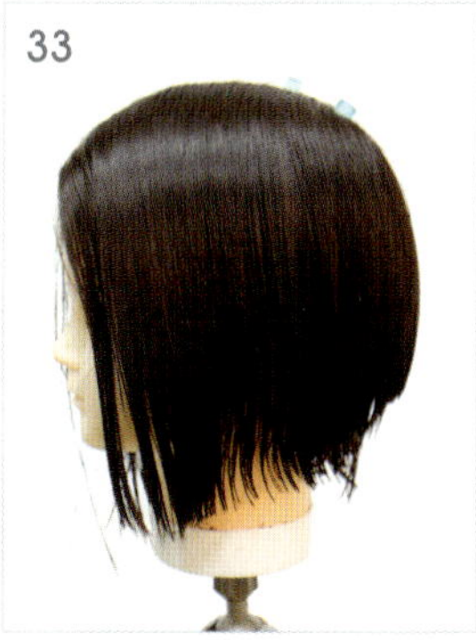

32~33. 베이스커트후의 모습

34~35. 오버존을 수직빗질하여 미디움정도 양감처리하여주어 무게감을 줄여준다.

36. 완성

CHAPTER 03 _ L 폼

1. 컨버젼 레이어 센터 아웃(Conversion layered center out)

1) 이미지(Image) 및 특징

C.P를 중심으로 모든 파팅의 모발이 고정가이드라인(Stationary design line)으로 융합하여 커트하는 것으로 프론트에서부터 점차 길이의 폭이 증가함을 보여주는 베이직 커트이다. 결과적으로 층과 아웃라인은 후대각의 원심적 흐름이다. 하지만 컨버젼은 베이직적인 원리에 의한 커트이므로 이 영역 하나로만 커트하기엔 다소 부족해 보일 수 있으므로 콤비네이션 폼을 적용하도록 하자.

2) 도해도(Graphic structure)

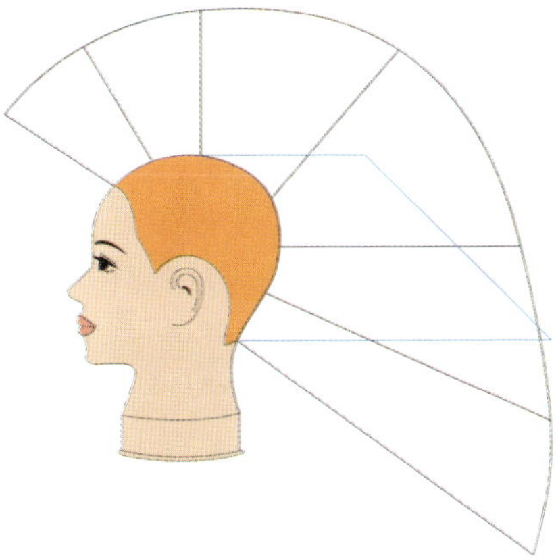

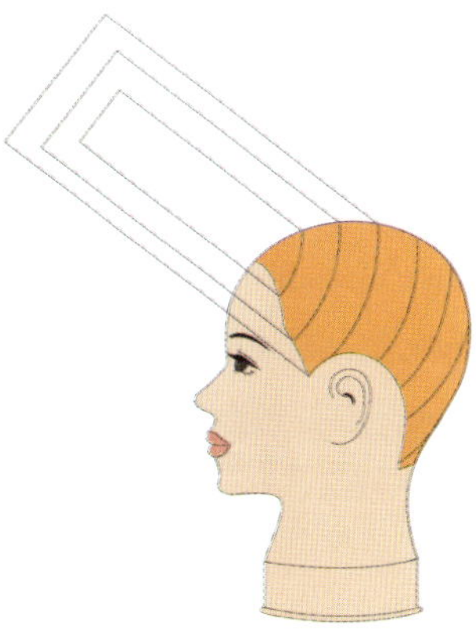

3) 디자인구성

<table>
<tr><th colspan="5">Design concept</th></tr>
<tr><td>섹션</td><td>없음</td><td>시술각</td><td colspan="2">천체축 아웃 45도</td></tr>
<tr><td rowspan="2">파팅</td><td rowspan="2">C.P중심 다이어거널 포워드</td><td rowspan="2">흐름</td><td>라인</td><td>후대각</td></tr>
<tr><td>층</td><td>원심적</td></tr>
<tr><td>베이스</td><td>고정 디자인 라인</td><td>빗질</td><td colspan="2">직각빗질 (Perpendicular dist.)</td></tr>
</table>

4) 진행순서

① 파팅 및 길이 설정

1. C.P에서 두상각설정, 길이 23cm 내외
2. 센터포인트로부터 U라인의 다이어거널 포워트의 파팅을 갖는다.
3. 원심적인 흐름

② 시술과정

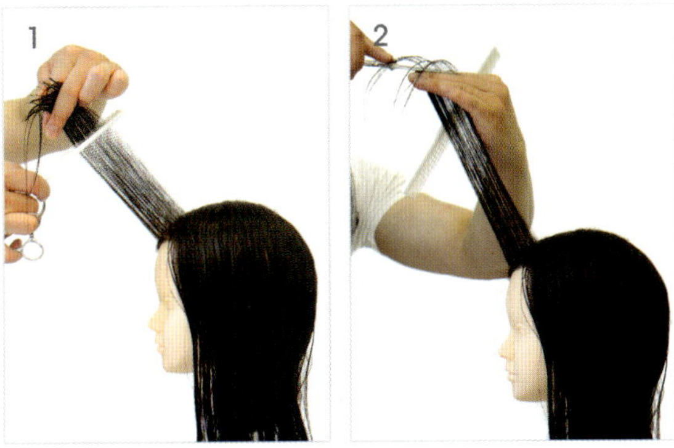

1, 2. 첫 번째 가이드라인 패널로 첫가이드만 두상각을 이용한다.

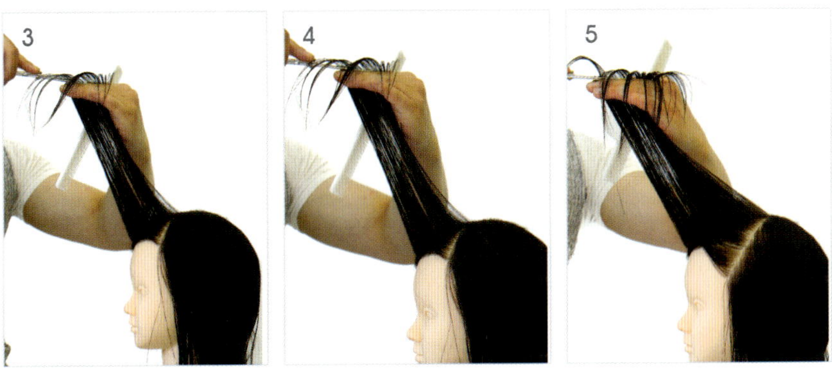

3-5.두번째 패널로 다이어거널 포워드 가이드라인으로 끌어와 커트한다.

6. 후방으로 갈수록 파팅의 영역이 커지므로 나누어 커트한다.

7–10. 파팅이 모여 하나의 섹션처럼 보이는 영역을 나누어 커트하는 모습이다.

11–13. 마지막 파팅의 작업 전개이다.

2. 컨버젼 레이어 탑 아웃(Conversion layered top out)

1) 이미지 및 특징

탑 아웃의 특징은 T.P가 중심이 되어 인터널(Internal)상부에 가상의 아웃라인을 따라 U라인의 호리존틀파팅라인을 형성해 커트하는 방식이다. 여전히 원심적이지만 후대각으로 완전히 연결되진 않지만 프론트사이드 부분은 구심적이기 때문에 리버스(Reverse)로 넘어간다.

2) 도해도(Graphic structure)

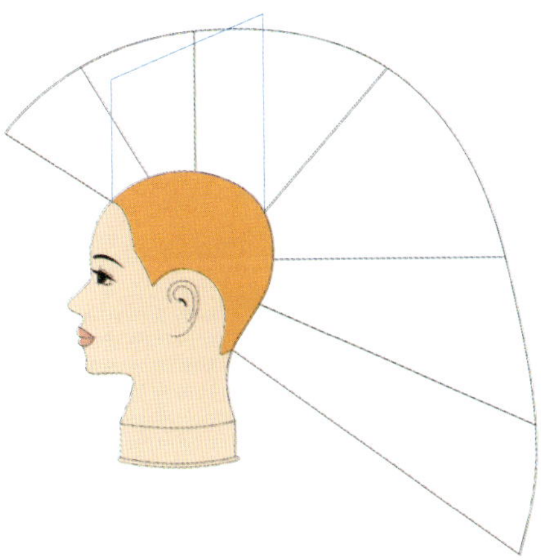

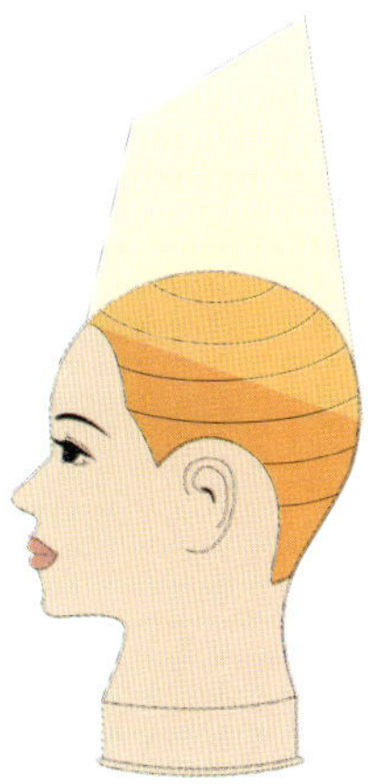

3) 디자인구성

Design concept				
섹션	없음	시술각	천체축 아웃 45도	
파팅	T.P중심 다이어거널 포워드	흐름	라인	후대각
			층	원심적 + 구심적
베이스	고정 디자인 라인	빗질	직각빗질 (Perpendicular dist.)	

4) 진행순서

① 파팅 및 길이 설정

1. 시술 전
2. 첫 번째 T.P중심 U라인 파팅 길이 28cm내외
3. 층의 shape

② 시술과정

1. 두상을 따라 둥근 파팅을 나눈다.
2. 뒤쪽부터 나누어 순차적으로 커트해 나간다.
3. 천체축기준의 45도의 아웃라인으로 커트한다.
4. 수직으로 빗질한다.
5. 거의 수평에 가까운 파팅라인을 보여준다.

6. 두상의 면적이 커졌을 때 빗질의 모습이다.
7-9. 뒤쪽부터 나누어 커트한다.

10. 다음 파팅이다.

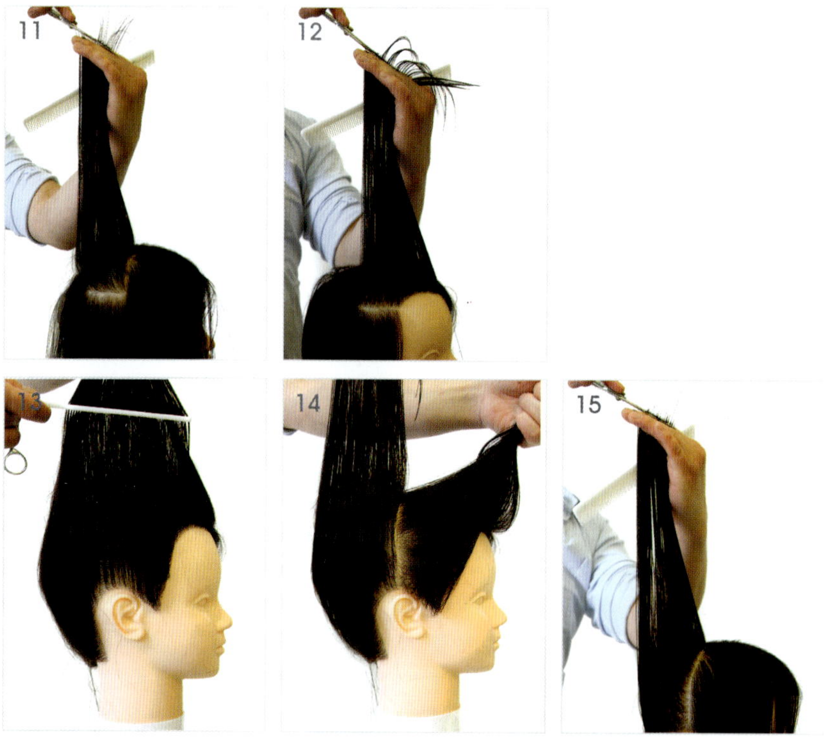

11-15. 같은 방법으로 진행하되 두상의 굴곡을 따라 모량이 많으므로 얼레살을 이용하여 빗질한다.

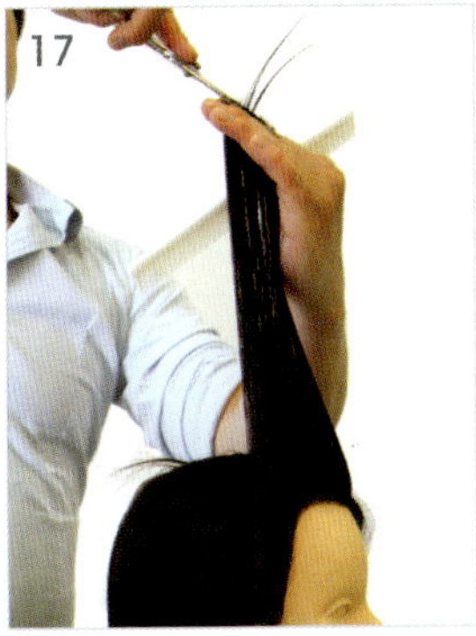

16, 17. 3차례에 걸쳐 커트해 준다.

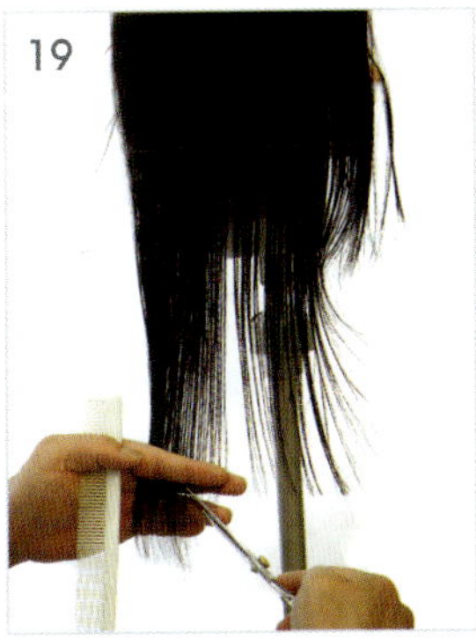

18, 19. 코너가 진 부분을 제거해 준다.

3. 유니폼 레이어(Uniformly layer)

1) 이미지 및 특징

레이어의 기본으로 베이직 레이어 또는 모든 기장이 동일하므로 세임 레이어라고 하기 때문에 용어에 있어서 혼동할 필요는 없다. 다만 기준 길이에 따라서 레이어의 느낌이 달라질 수 있다. 유니폼 레이어 또한 응용범위가 넓기 때문에 콤비네이션으로 탁월하며 퍼머를 시술할 때 볼륨감을 극대화 시킬 수 있고 남성커트를 할 때 많이 응용된다. 하지만 유니폼 레이어 단독으로 쓸 경우 특별한 스타일이 없다는 단점이 있다.

2) 도해도(Graphic structure)

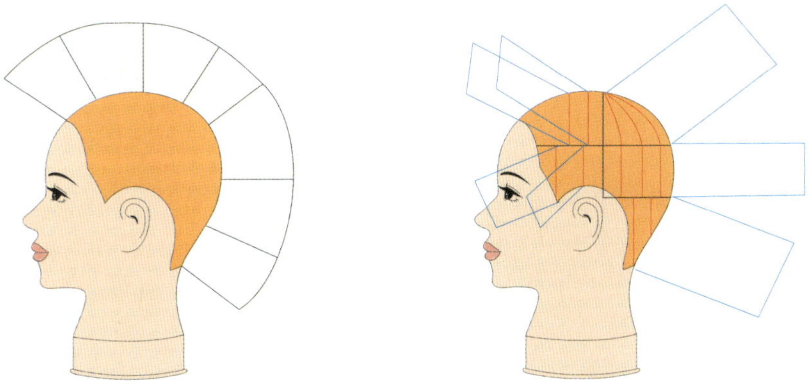

3) 디자인구성

Design concept						
섹션	3섹션		시술각	두상각		
	오버	레디얼		라인	수평	
파팅	미들	버티컬	흐름	층	없음	
	언더	버티컬				
			빗질	언더	수직빗질	
				미들	수직빗질	
베이스	온 더 베이스			오버	백	방사상빗질
					사이드	수직빗질

4) 진행순서

① 가이드라인과 모양

1. 프로파일 기준길이 12cm내외
2. 온 더 베이스의 결과
3. 미들 섹션과 네이프 섹션의 커트 후 아웃라인의 모양

② 시술순서

1-3. 가이드라인의 커트시술장면

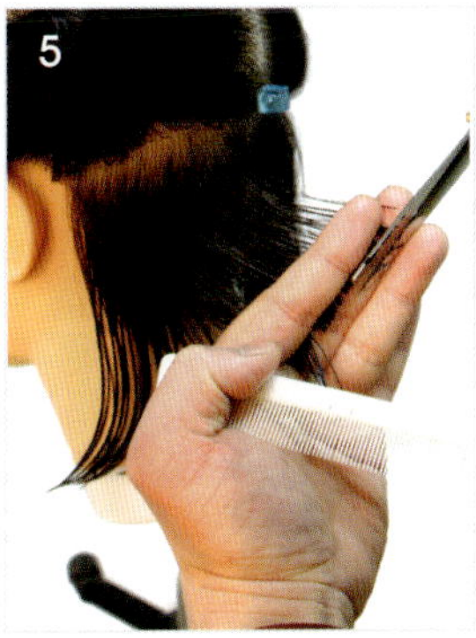

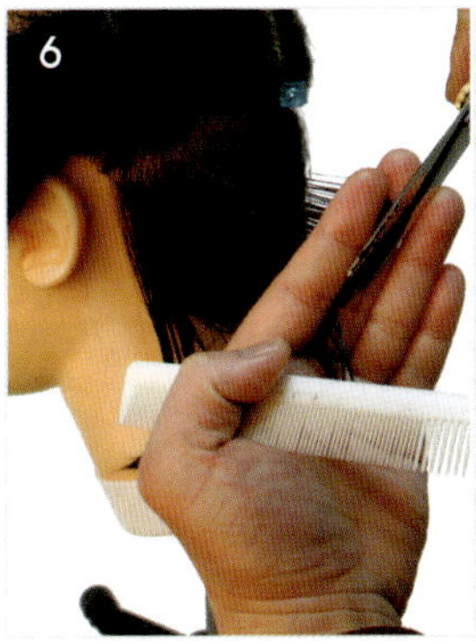

4-6. 온 더 베이스의 두상각으로 진행한다.

7. N.S.P의 패널은 모발이 없는 부위에서의 온더베이스로 커트해주어야 한다.

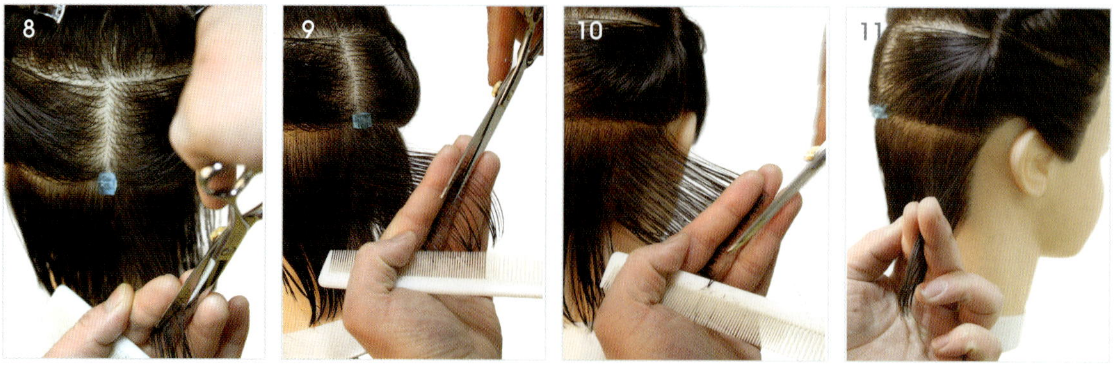

8-11. 같은 방식으로 오른쪽으로 진행한다.

12. 네이프섹션의 완성

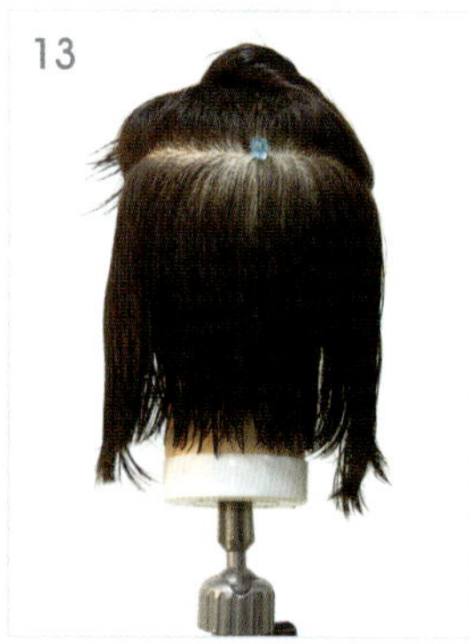

13. 미들섹션이 하단을 덮은 모습

14. 네이프섹션과 연결하여 진행한다.

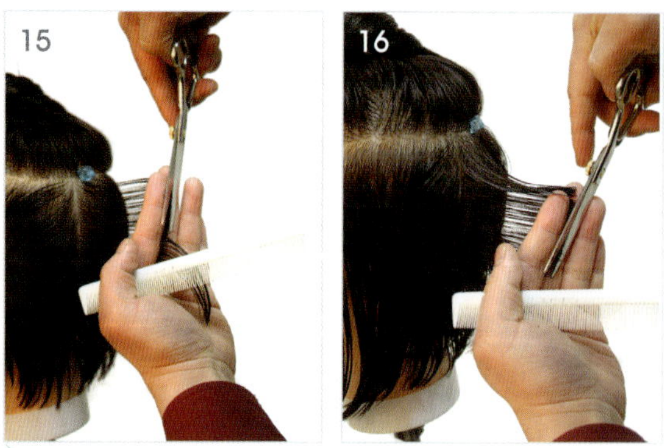

15, 16. 이때 두상각을 이용하여 커트한다.

17. 연결하여 잘라준 모습

18. E.T.P까지 진행한 모습

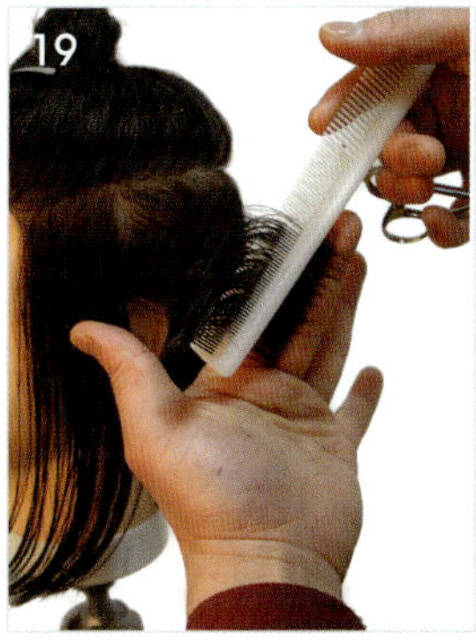

19. 가이드를 잘 확인하여 스퀘어를 잘 유지한다.

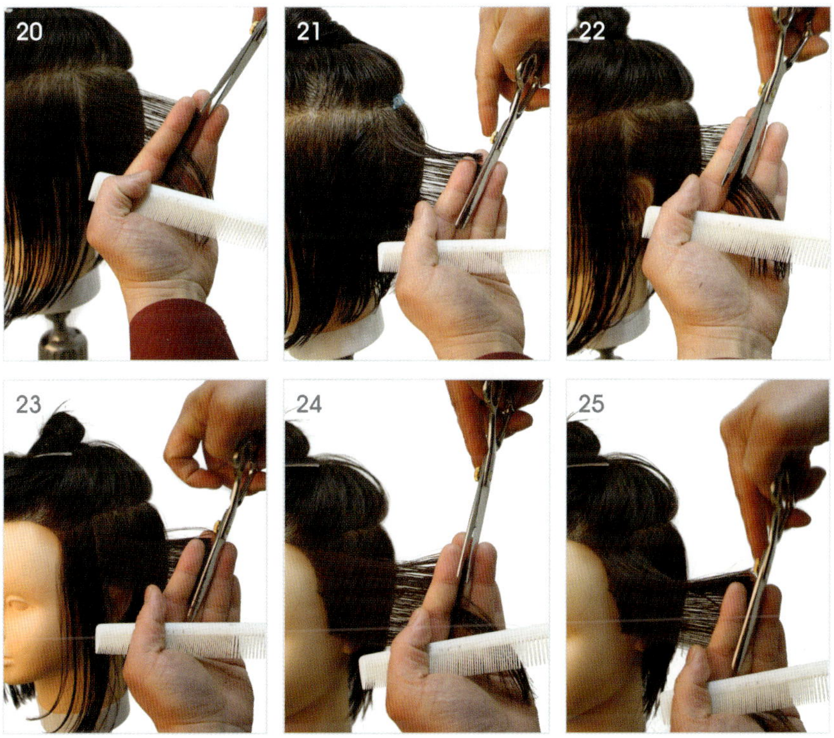

20~25. 온 더 베이스를 유지하며 F.S.C.P 까지 진행한다.

26. 완성된 모습

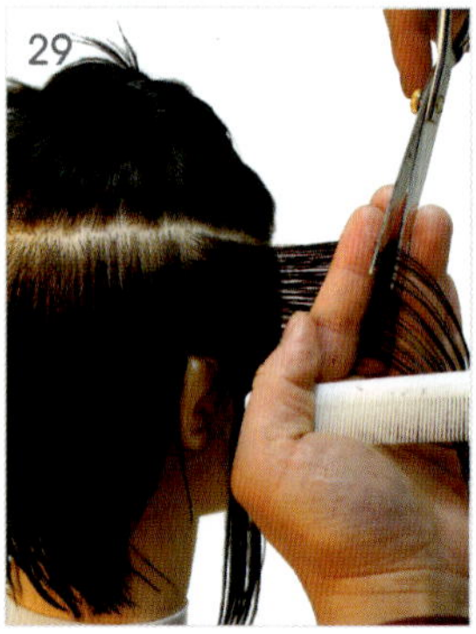

27~30. 반대쪽도 같은 방식으로 진행한다.

31. 반대편과 동일하게 길이를 체크한다.

32. 오버존의 레디얼 첫 섹션

33. 연결할 두상각을 확인한다.

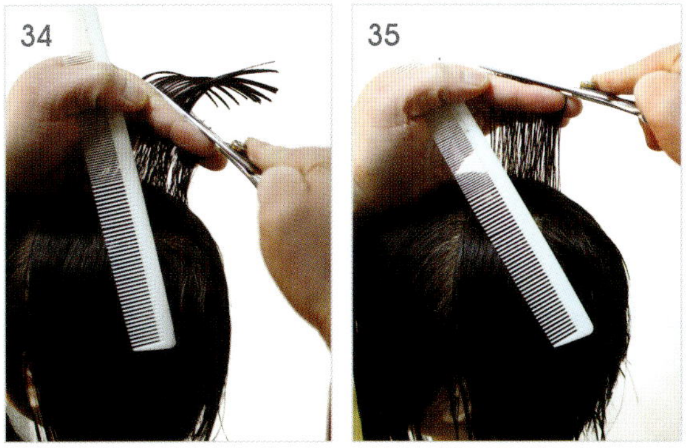

34, 35. 두상의 최대 곡면지점이기 때문에 두상을 따라 코너를 제거해 주면서 커트한다.

36~40. E.B.P를 중심으로 버티컬파팅으로 잘라준다.

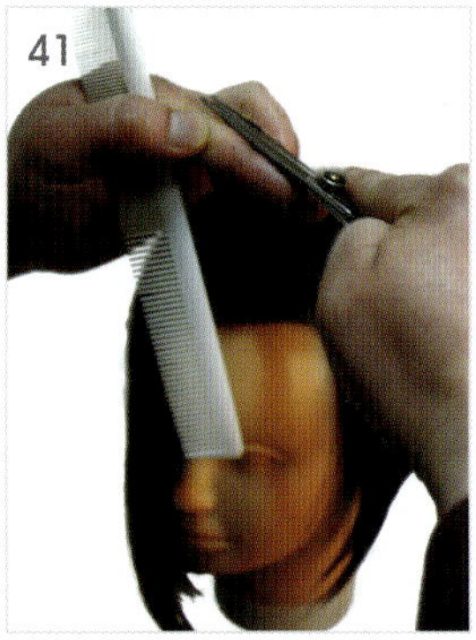

41. S.C.P의 패널은 모량이 없는 부분까지 계산하여 커트한다.

42. 온 더 베이스의 옆모습

43. 반대편도 동일하게 완성해 준다.

44. 후면

45. 정면

CHAPTER 04_G + L 폼

1. 레이어 온 그래쥬에이션(Layer on Graduation)

1) 이미지 및 특징

언더존의 가벼운 아웃레이어와 오버존의 약간 무거운 느낌의 혼합으로 율동감과 차분함의 두가지느낌을 가질 수 있는 스타일이며 베이스 커트 후 오버존이 너무 무겁다면 자신이 원하는 양만큼의 무게감을 감소하여 주면 된다. 또한 이 스타일은 섀기(Shaggy)적인 형태의 기본이 될 수 있고 나아가 디스커넥션(Disconnection)스타일의 원형타입(Proto type)이라고 할 수 있어 다양한 응용이 가능하게 된다.

2 존을 이용한 레이어와 그래쥬에이션의 혼합형의 스타일이다.

2) 도해도(Graphic structure)

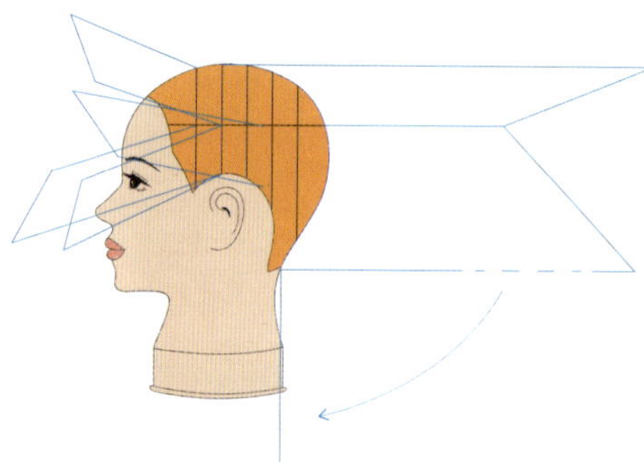

3) 디자인구성

Design concept							
섹션	2섹션			시술각	언더	스퀘어 45도 아웃	
					오버	스퀘어 45도 인	
파팅	언더	버티컬파팅		흐름	라인	후대각	
	오버	백	레디얼파팅		층	없음	
		사이드	버티컬파팅	빗질	언더	수직빗질	
베이스	온 더 베이스				오버	백	방사상빗질
						사이드	수직빗질

4) 진행순서

① 섹셔닝 및 언더라인

2섹션으로 분리

정면

언더존의 프로파일

언더존 완성후 아웃라인

② 시술과정

언더존시술

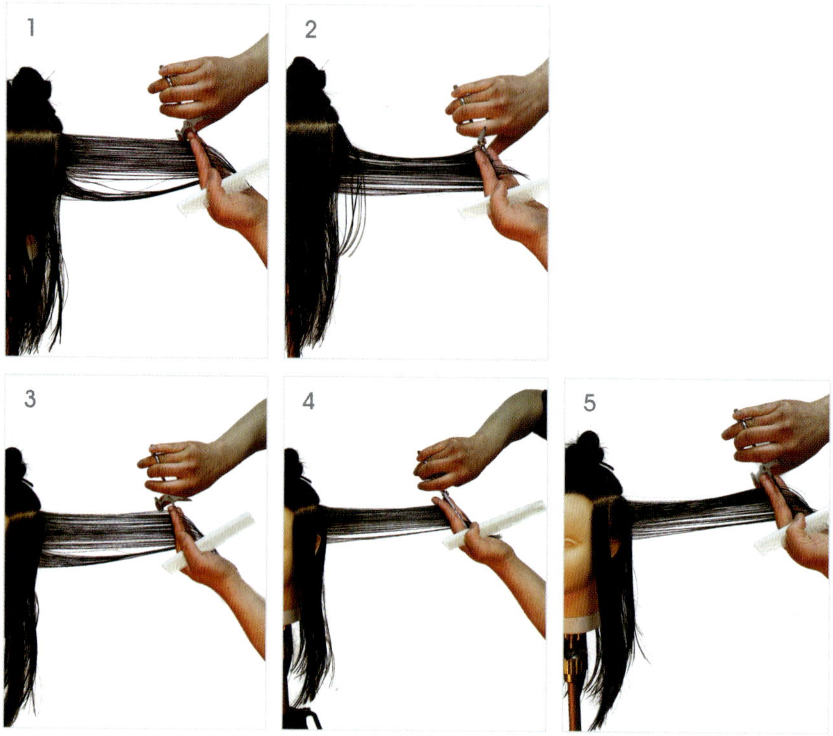

1. 수직빗질에서 천체축의 각 45도를 대입한다.
2. 패널이 넓기 때문에 위에서 아래쪽으로 이동하며 커트한다.
3. 온 더 베이스를 유지하며 커트한다.
4. 네 번째 패널
5. E.T.P지점의 패널의 모습

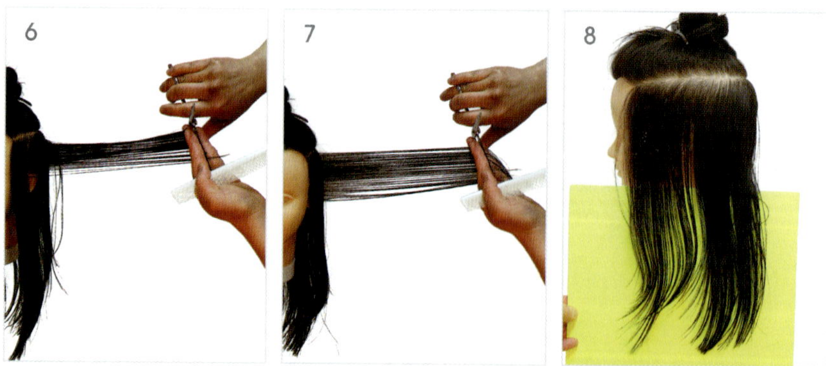

6. 가이드라인을 잘 확인하여 기장이 되는 선이 잘리지 않도록 주의한다.

7. 왼쪽 템포럴구역의 마지막 패널

8. 템포럴과 네이프라인과 동일한 아웃라인이 만들어 진다.

9, 10. 왼쪽에 비해서 오른쪽의 가이드가 잘 보이지 않으므로 빗질을 정확히 해야 한다.

11–15. 반대편도 동일하게 커트해 준다.

16, 17. 후대각라인으로 포인트 커트해 준다.

18

19

20

18–20. 언더존작업의 완성

오버존시술

21. 오버존의 레디얼 첫 파팅으로 스퀘어로 빗질 후 천체축 45도로 커트해 준다.

22. 연결하여 같은 패널의 하단을 커트한다.

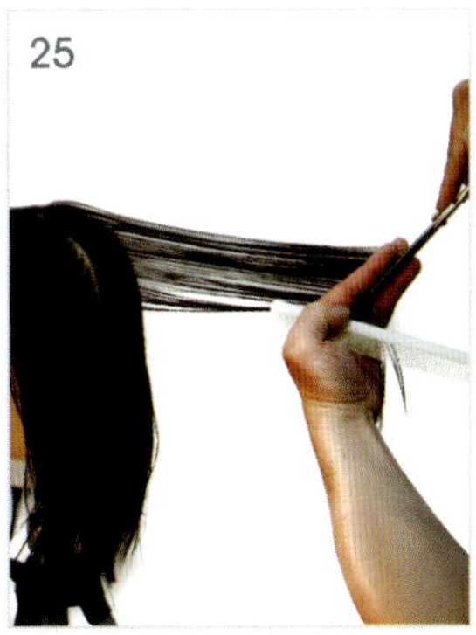

23-25. 레디얼섹션을 온 더 베이스로 순차적으로 커트해 주면 된다.

26. E.T.P기점의 레디얼과 사이드의 접점

27. 언더와 오버존의 컨케이브라인의 모습

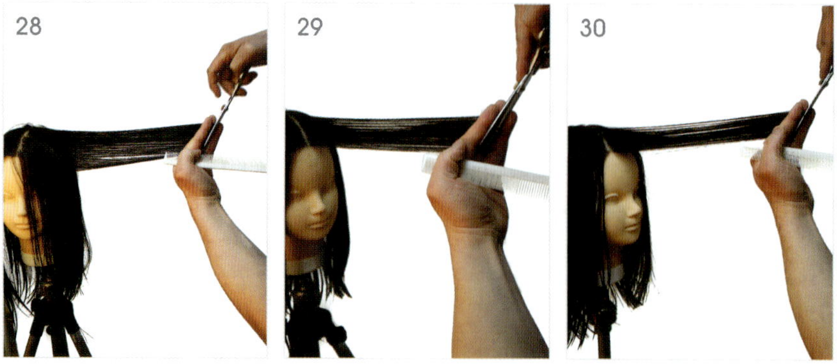

23-25. 레디얼섹션을 온 더 베이스로 순차적으로 커트해 주면 된다.

31-33. 베이스커트가 끝난 모습

34. 드라이 블로우 드라이를 하고 난 후 오버존의 무게감이 보인다.

35. 무거운 부분을 잡는다.

36. 수평이 되도록 하고 가위가 직각이 되도록 하여 수직 커팅해 준다.

37

37. 부드럽게 블렌딩 된 모습

2. 그래쥬에이션 온 레이어(Graduation on layer)

1) 이미지 및 특징

정

측

후

2) 도해도(Graphic structure)

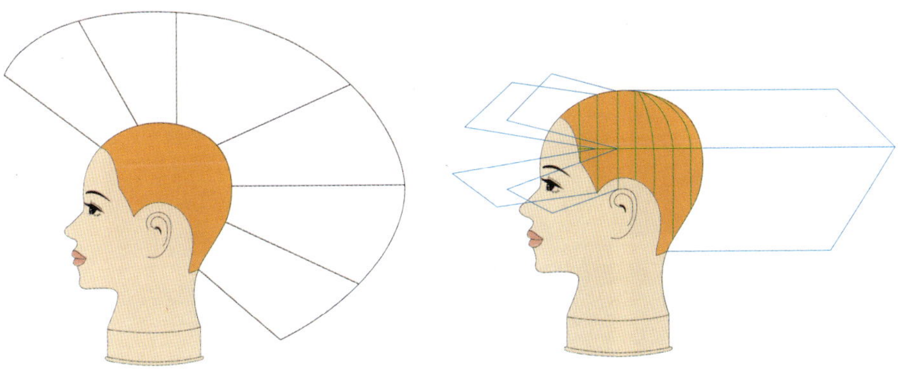

3) 디자인구성

Design concept							
섹션	2 섹션			시술각	천체축 45도/ 두상각		
파팅	언더	백	버티컬파팅	흐름	라인	후대각	
		사이드	호리존탈				
	오버	레디얼 + 수직			층	U 라인	
베이스	온 더 베이스			빗질	언더	백	수직
						사이드	수직
					오버	백	두상각
						사이드	수직

4) 진행순서

① 섹셔닝

앞

뒤

좌

② 길이 및 가이드패널 설정(N.P ~ F.S.C.P)

1

2

3

1. 언더존의 그래쥬에이션 기준길이 18cm내외
2. 오버존 연결하여 두상각의 유니폼레이어로 연결
3. 레디얼섹션의 U라인

③ 시술과정

1. 언더존의 그래쥬에이션 가이드라인을 커트한다.

2. 수직패널로 하단까지 커트한다.

3–5. E.T.P까지 진행한다.

6–8. 템포럴 섹션에서는 천체축 45도의 섹션라인과 평행으로 잘라준다.

9. 버티컬로 잡았을 때 그래쥬에이션의 라인이 형성된다.

10.아웃라인의 코너를 제거해 준다.

11. 반대편도 동일한 방법으로 시술한다.

12. E.T.P에서 수직파팅으로 직각빗질을 한다음 코너를 제거해 준다.

13. N.P중심의 코너를 제거해 준다.

14, 15. 언더존의 완성모습

16. 오버존은 유니폼레이어로 커트한다.

17. 18. 첫 번째의 가이드패널 커트이다.

21. 22. 세 번째의 레디얼 파팅의 커트

23. 24. 네 번째의 레디얼 파팅 커트

25. 26. 다섯 번째 레디얼 커트

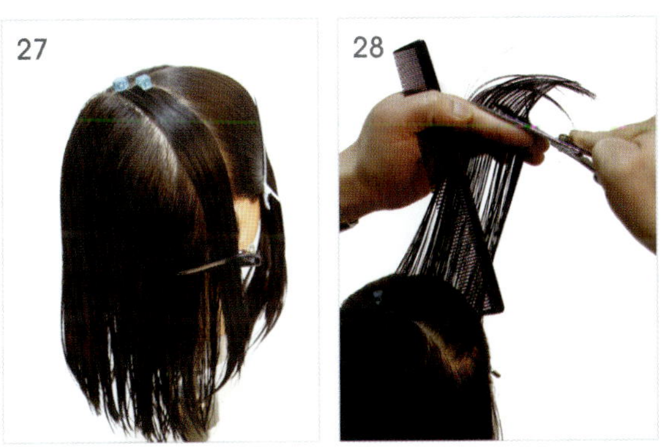

27. 28. 여섯 번째 레디얼 커트

29. 완성후 뒷모습

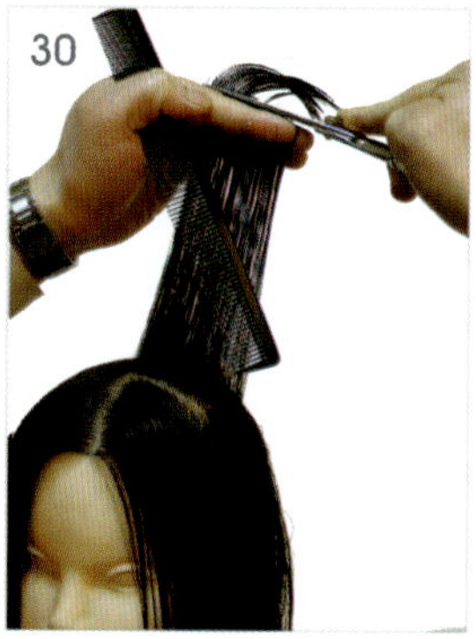

30~32. 두상시술각으로 C.P까지 진행한다.

33. 반대편도 동일한 방법으로 한 다음 C.P중심으로 천체축 45도에서 코너를 제거한다.

3. 3섹션 디스커넥션

1) 이미지 및 특징

3섹션에서 이루어지는 다이나믹함이 언더존에서의 적당한 무게감과 미들존에서의 볼륨감이 느껴지며 이어서 오버존에서는 디스커넥션된 유니폼레이어가 자연스럽게 미들존을 덮으면서 율동감과 공기감이 어우러지는 스타일이며 라인에서는 네이프라인의 라인과 사이드베이스로 떨어지는 탑섹션의 조화가 돋보이는 스타일이며 디스커넥션을 이용하면 더욱 더 다양한 스타일을 만들 수 있다.

정면

측면

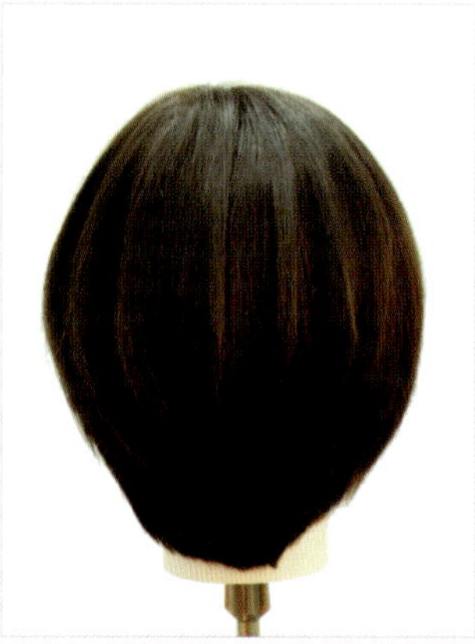
후면

2) 도해도(Graphic structure)

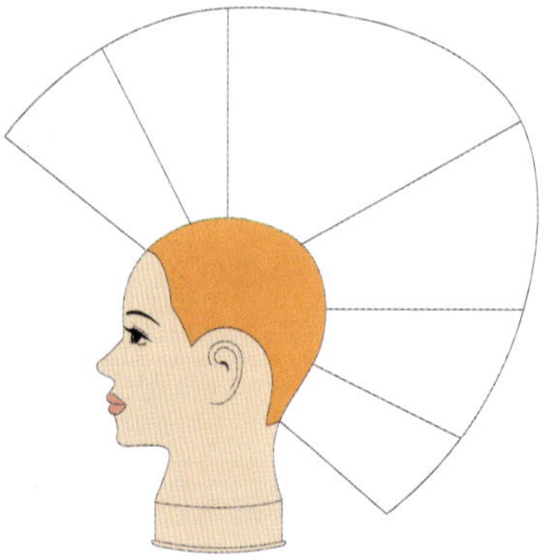

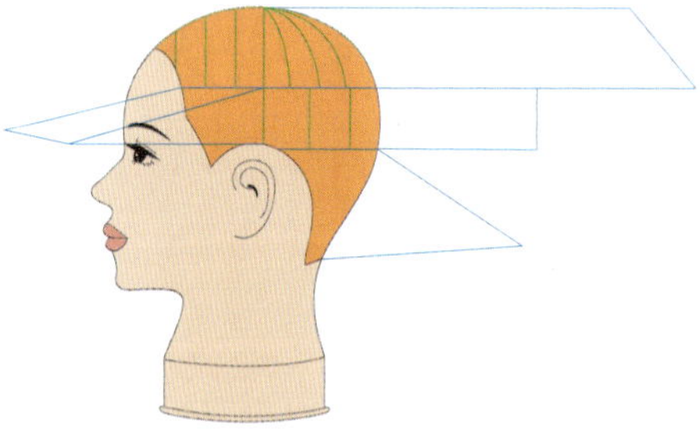

3) 디자인구성

Design concept							
섹션	3 섹션			시술각	언더	천체축 45도	
					미들	백	두상각
						사이드	천체축 90도
					오버	두상각	
파팅	언더	블록		흐름	언더라인	다이어거널 백워드	
	미들	백	버티컬				
		사이드	블록				
	오버	백	레디얼		실루엣	다이어거널 포워드	
		탑	버티컬				
베이스	언더	온 더 베이스		빗질	언더	수직빗질	
	미들	백	온더베이스		미들	백	수직빗질
		사이드	업 베이스			사이드	수직빗질
	오버	백	온더베이스		오버	백	두상각
		탑	사이드 베이스			탑	두상각

4) 진행순서

① 섹셔닝

1. 언더섹션 기준길이 14cm 내외
2. 3섹션
3. 오버존의 실루엣

③ 시술과정

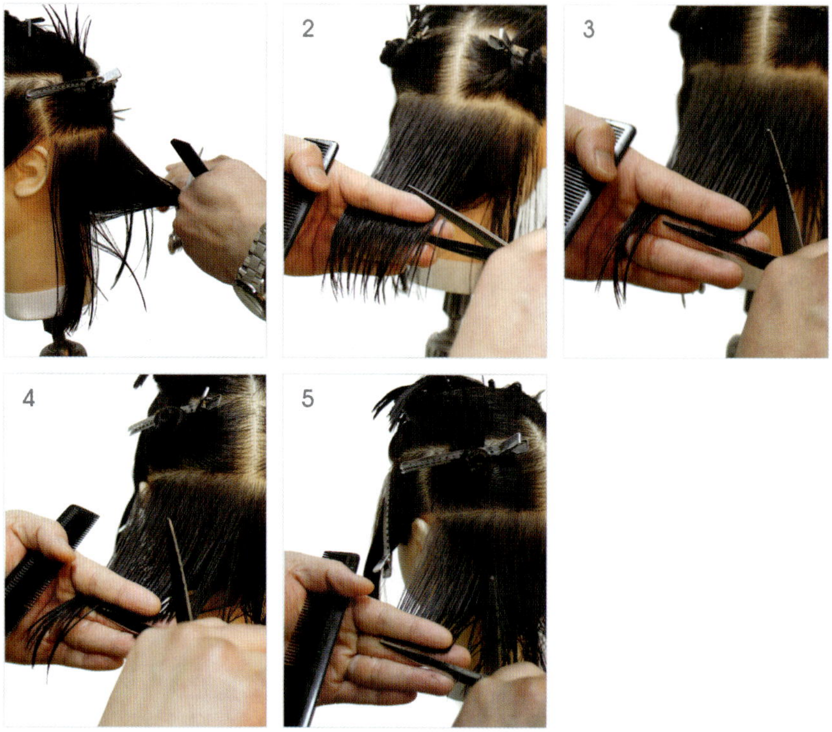

1~5. 언더섹션을 진행할때 온 베이스로 두상을 따라 커트한다.

6~7. E.B.P지점의 패널까지 코너지지 않게 커트한다.

8. 버티컬파팅으로 층을 확인할 때 온 베이스는 그래쥬에이션이다.

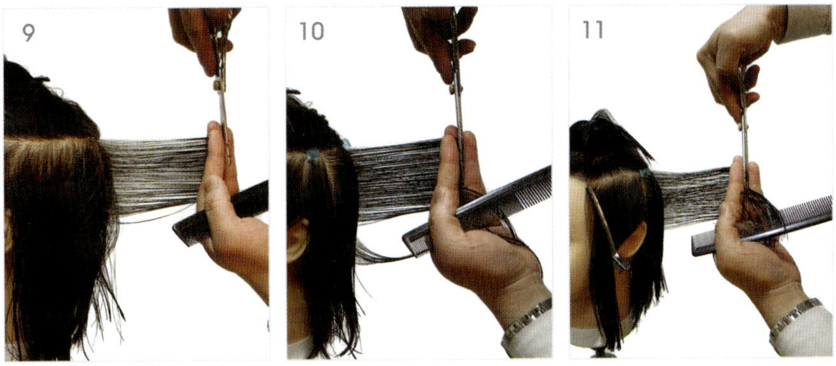

9, 10. 미들섹션은 수직빗질후 스퀘어로 잘라준다. 11. E.B.P까지 커트한다.

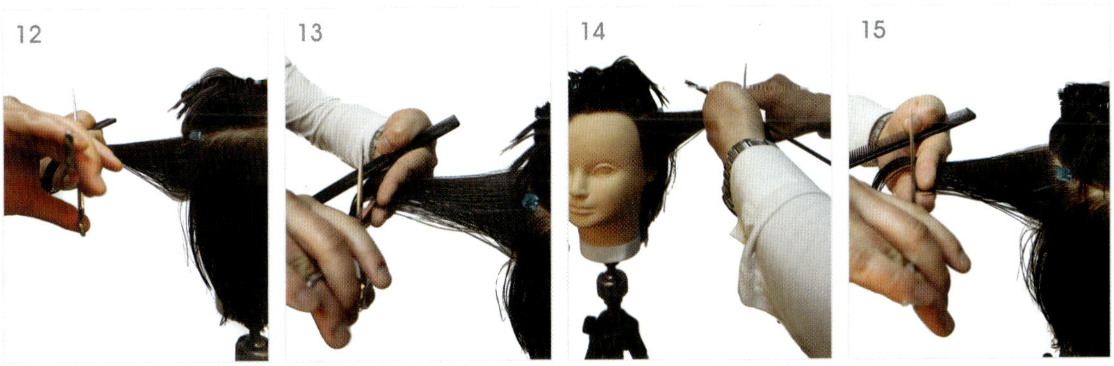

12~15. 사이드부분은 업 베이스로 수평으로 잡고 커트한다.

16. 업베이스로 커트 후 버티컬 로 체크하면 아웃레이어로 형성됨을 알 수 있다.

17. 프론트 사이드의 마지막 파팅은 F.S.C.P지점의 코너가 있으므로 제거해 준다.

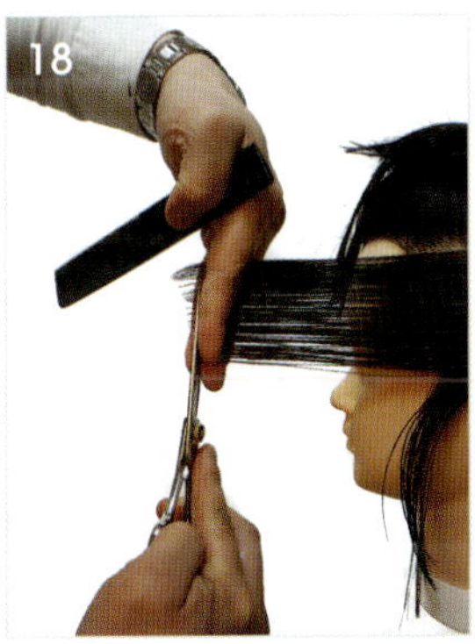

18. 사이드의 모든 모발을 인버젼하여 코너를 제거한다.

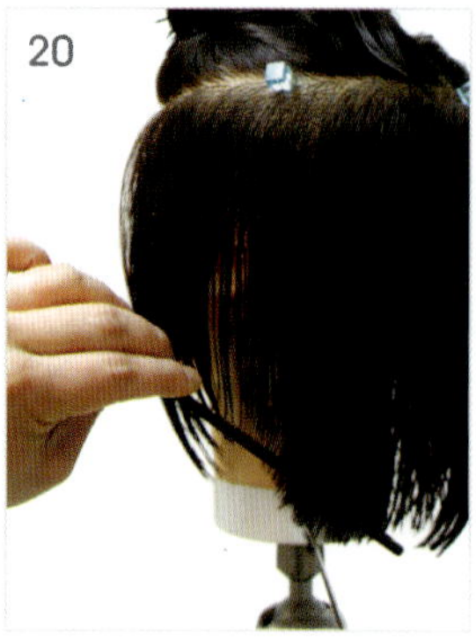

19, 20. N.S.P지점의 모발의 코너를 제거한다.

21, 22.언더와 미들섹션이 완성된 모습

23~25. 오버섹션은 유니폼으로 커트하되 디스커넥션을 만들어 준다.

26~30. 레디얼 섹션을 따라 커트해 준다.

31~34. 탑섹션에서는 뒤쪽 방향으로 사이드베이스를 취한 후 커트한다.

35, 36. 커트 후 디스커넥션 된 모습

37

38

39

37~39. 완성

CHAPTER 05 _ 프린지 디자인(Fringe design)

1. 프린지의 구조

앞머리 디자인은 독립적인 섹션의 체계를 갖는다. 특히 짧은 기장일 때 더욱 특수성을 갖고 있기 때문에 다른섹션과의 관계는 디스커넥션(Disconnection)의 구조이다.

1) 도해도

도해도 상에서는 원렝스를 기본으로 하면서 프린지섹션과의 관계를 그래픽으로 보여준다. 왜냐하면 프린지의 기장을 맞추어 커트하게 되면 모든 머리가 짧아지게 되기 때문이다.

아래 그림은 원렝스의 구조그래픽에서 프린지섹션을 나타낸 도해도이다.

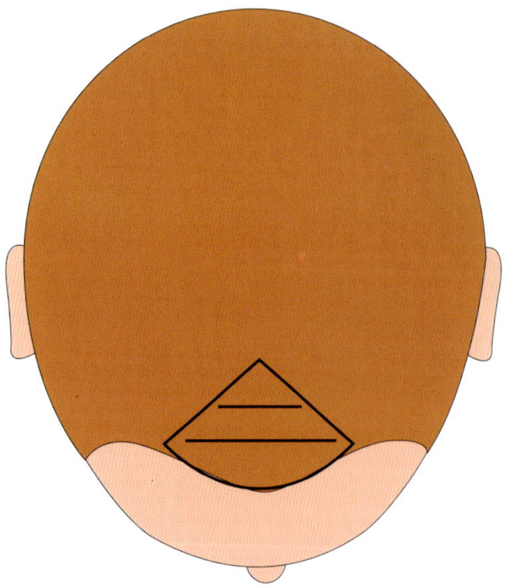

2) 트라이앵글(Triangular) 섹션

위에서 본 프린지섹션의 구조이다. 먼저 C.P중심 5cm정도 정중선의 후방의 한점에서 양쪽의 F.S.P를 연결한 삼각형의 섹션이다. 이를 기본으로 하여 얼굴형에 따라 조금씩 그 위치가 살짝 이동하여 앞머리 폭을 결정하면 된다.

삼각형(Triangular) 섹션

2. 시술과정

1. 트라이앵글 섹션의 자연빗질을 한 상태이다.

2. 수평으로 파팅을 나눈다.

3. 천체축 60도에서의 가이드 설정

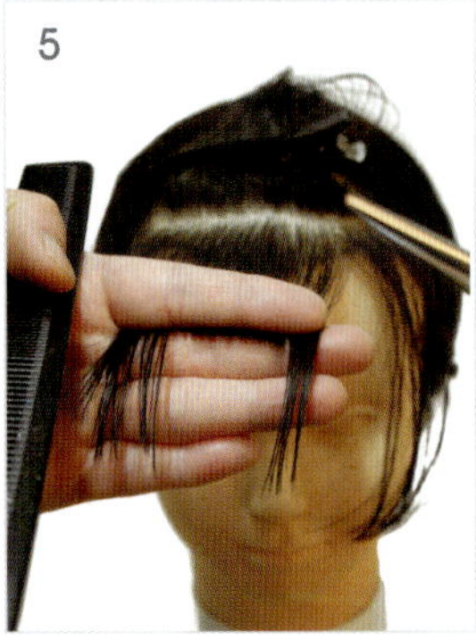

4, 5. C.P중심에서 커트한다.

6~8. 두상을 따라 커트하지 않는다.

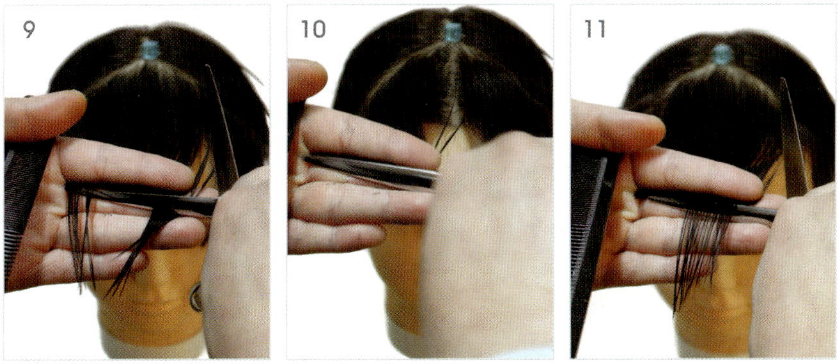

9~11. 마지막 파팅까지 고정가이드라인의 위치에서 커트한다.

12, 13. 드라이한 후 끝선을 정리

14. 완성

Chapter 4

1. 베이스 컨트롤
2. 테크니컬 커트
3. 볼륨 컨트롤

테크닉 드릴

CHAPTER 01 _ 베이스 컨트롤(Base control)

1. 베이스 컨트롤의 정의

커트디자인에서 베이스 커트가 끝난 후 자신이 원하는 만큼의 형태에 무게감을 만들고 무게 중심을 조절하여 균형감을 만드는 것을 말하며 겉으로 보여지는 부분의 질감을 부여해 더욱 더 입체감을 살려 율동감을 만든다. 또한 각 섹션과의 연결이 미흡할 경우 블렌딩이란 작업으로 블록이 생기는 각 연결부위를 부드럽게 만들어 주는 등 베이스 커트만으로 연출이 부족한 부분을 이러한 작업으로 만들어 주는 기술이다.

2. 베이스 컨트롤의 특징

1) 부피감(Size)

커트라인은 유지하면서 모량과 곱슬인 경우 부피를 줄여주는 경우이다. 이때 쓰는 테크닉이 시닝테크닉이다. 시닝테크닉(thinning)의 이너(inner)레이어와 미디움(medium)레이어를 적용하여 모량을 줄여 형태를 축소시킬 수 있다.

2) 방향성(Direction)

방향성은 베이스커트에서의 당김성을 이용하여 흐름을 주는 것 외에 인터널의 모발에 방향성과 질감을 부여하는데 이때에는 슬라이싱(slicing)테크닉을 이용하여 모발의 방향성에 더욱 흐름과 입체감을 주어 스타일을 부각시켜 줄 수 있다.

3) 율동감(Rhythm)

율동감은 모발이 일정한 주기나 증감을 부여하여 마치 움직임이 있고 살아있는 듯한 느낌을 부여해 주기 위해 모발자체의 덩어리감을 줄여주고 가볍게 하여 베이스커트의 솔리드한 표면위에 존재하게 만드는 것이다.

3. 베이스 컨트롤의 종류

1) 양감처리(Weight control)

양감처리란 두꺼운 커트선을 가볍게 할 뿐만 아니라 모발이 많은 부분의 개체량을 줄여 그 디자인의 사이즈가 작아지게 하는 방법이다. 또한 모발이 굵은 경우에도 적용된다. 양감처리에는 기본시닝 테크닉과 양감수직 테크닉이 있다.

① 양감 테크닉(아웃 레이어)

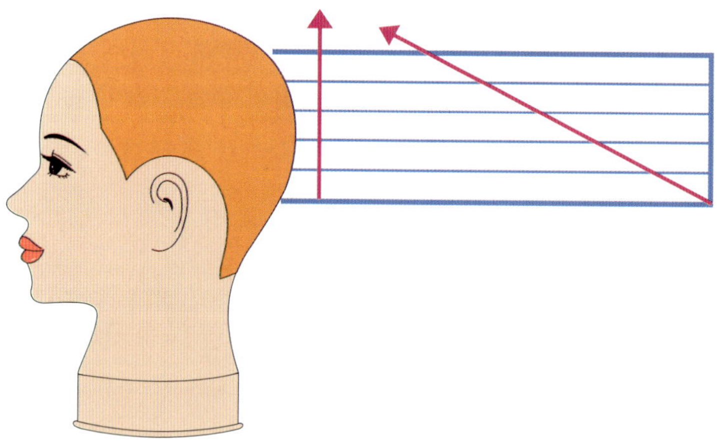

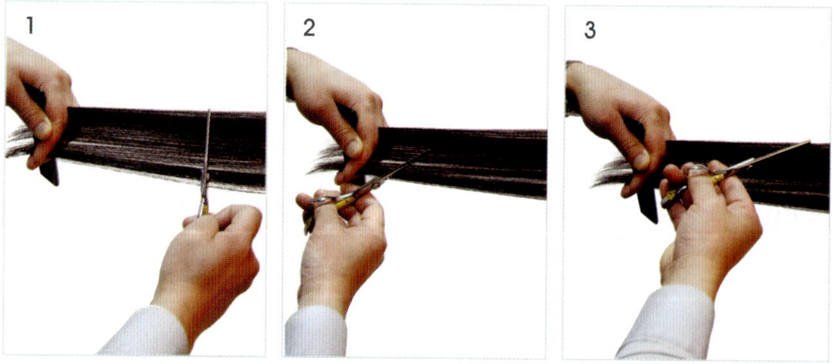

1. 패널의 이너라인을 설정한다.
2, 3. 레이어의 각도

4. 패널의 하단에 가위를 위치한다.

5. 시닝시져스로 하단을 집고 빠진다.

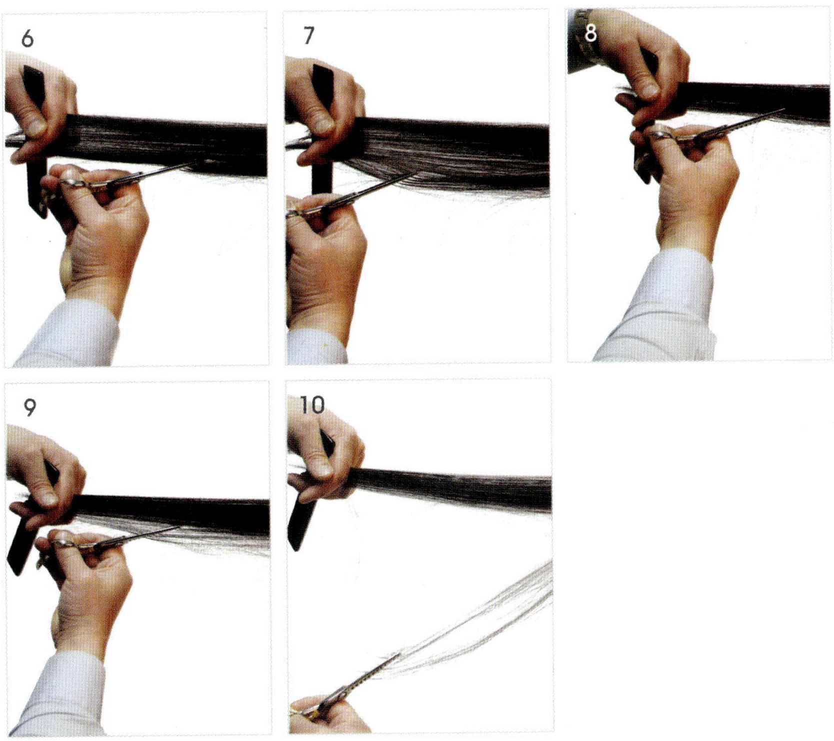

6-10. 아웃레이어의 방향으로 커트하며 빠져준다.

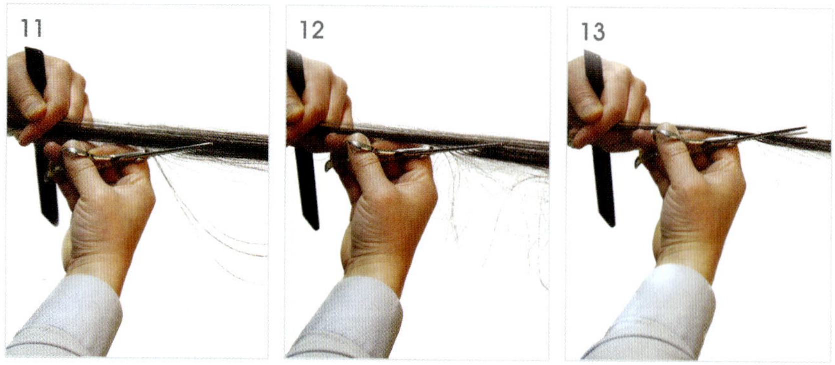

11-13. 상단부의 이너라인까지 커트한다.

② 양감 테크닉(인레이어)

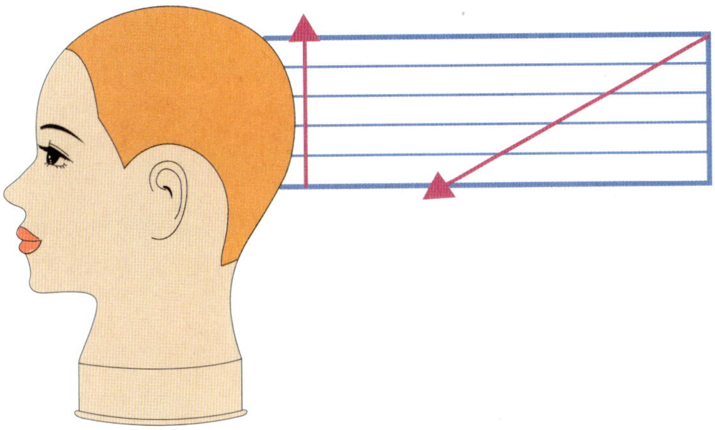

1. 수직패널의 커트할 지점을 보여준다.

2, 3. 중간지점에서 커트하면서 가위가 뒤로 빠진다.

4, 5. 모발은 밑으로 떨어지고 가위는 점점 패널의 뒤쪽으로 후퇴하면서 커트한다.

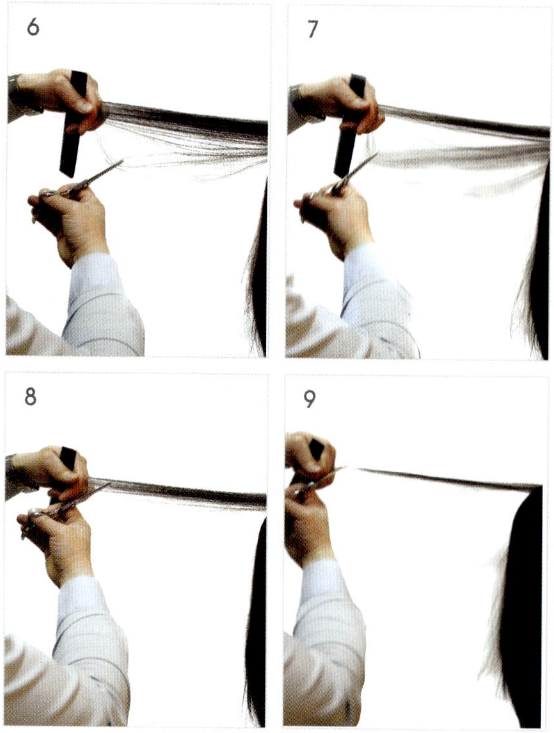

6~9. 패널의 마지막에서 왼손은 굴려주면서 가위가 들어 갈 공간을 만들어 주면 된다.

4. 시닝 테크닉(Thinning technique)

시닝이란 모발의 얇고 또는 가볍게 마드는 것으로 모발 끝과 중간 및 모속을 텍스쳐 가위나 시닝가위를 가지고 모발을 붓끝처럼 부드럽게 만들어 주는 기법의 하나이다.

1) 시닝의 종류

① 엔드시닝(End thinning)

모발끝의 양을 감소하여 커트의 선을 부드럽게 처리하는 기법으로 전체적인 양감은 유지하면서 커트선만 컨트롤 하는 기법이다.

② 이너시닝(Inner thinning)

모발 내부의 커트라인의 모양과 형태 변화를 일으키는 양감처리로서 확실히 부피가 줄어드는 모습이 육안으로 보여신나.

③ 루츠시닝(Roots thinning)

모발의 뿌리부분을 컨트롤하여 모근과 모류를 조절하여 제비추리나 모근을 교정할 수 있고 근본적으로 두피 가까이에서 모량을 없애 버림으로서 모량감소의 효과를 볼 수 있다.

1

2

3
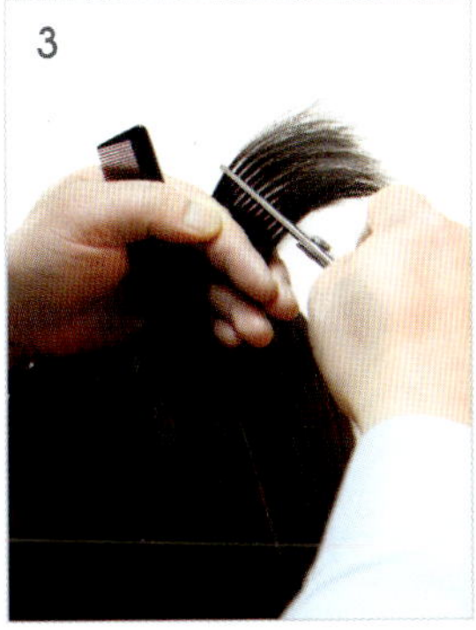
4

1, 2. 패널의 가장 안쪽 지점에서 시닝시져스로 커트하고 빠진다.

3, 4. 다시 그 패널의 1/3을 커트하고 빠진다.

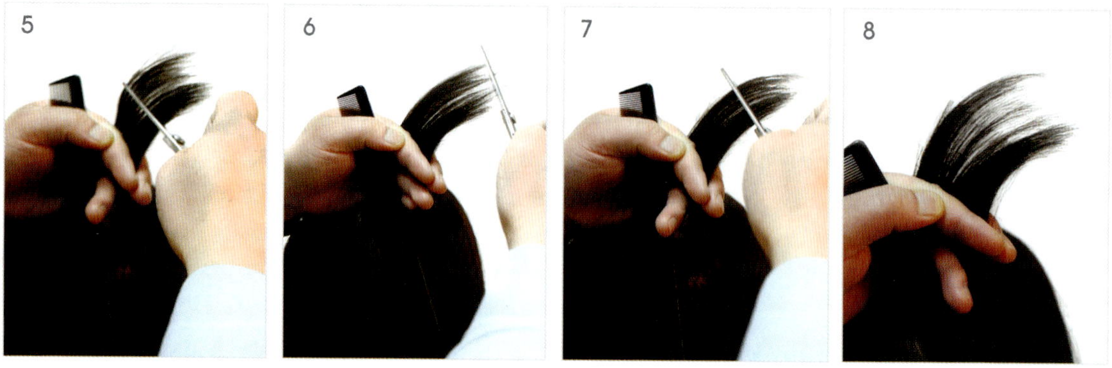

5, 6. 1/2의 지점에서 동일한 테크닉

7, 8. 2/3의 지점에서 마무리한다.

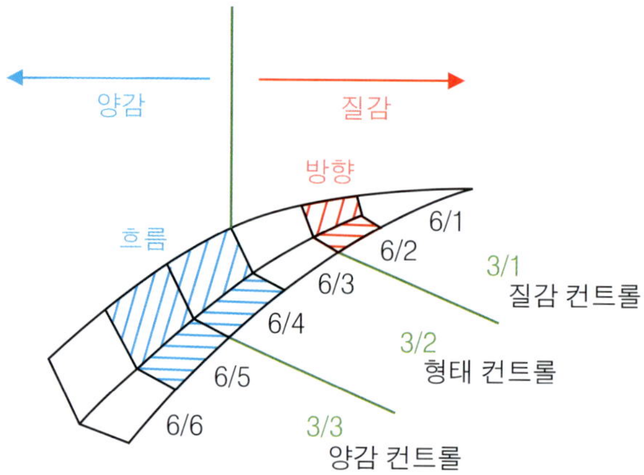

〈부위별 모발컨트롤과 기능〉

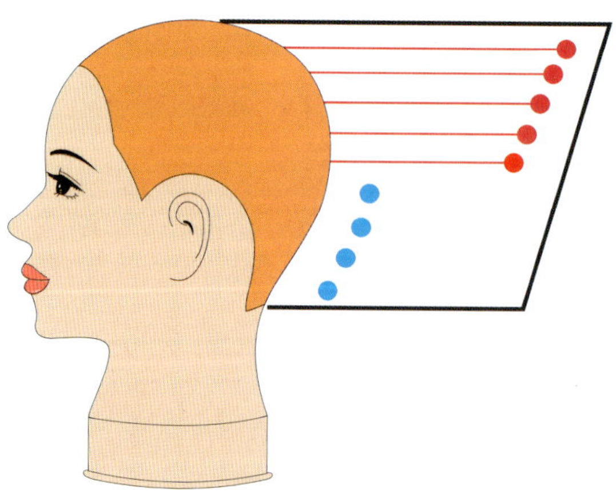

〈엔드시닝과 루츠시닝〉

2) 질감처리(Texture)

① 슬라이싱(Slicing)

모발의 결 부위를 가위의 안쪽부위로 개폐하면서 깎아내는 기법으로서 모발의 방향성을 결정하고 또는 아웃라인을 정리하는데 유용하다. 주의할 점은 기본가위질로는 큰 힘이 작용하여 모발이 끊기는 현상이 생기기 때문에 기본가위질보다는 응용가위질을 하여야 힘의 조절이 용이하다.

Ⅰ. 기본 슬라이싱

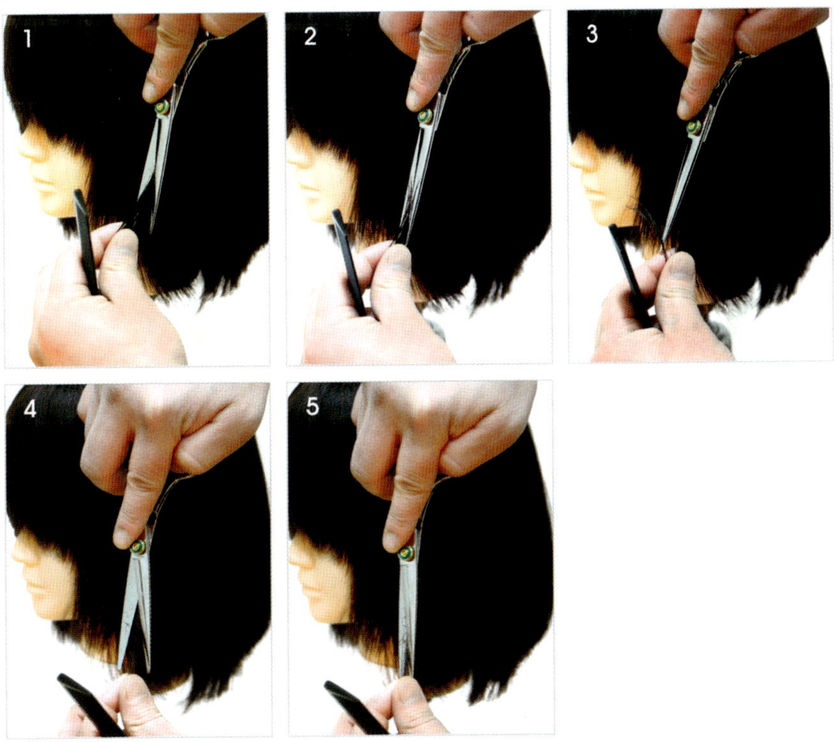

응용가위질을 이용하여 스트랜드를 잡고 가위의 1/3를 잡고 가위의 1/3정도 개폐하여 슬라이싱해 준다.

II. 방향성 슬라이싱

방향성을 부여하기 위해 스트랜드의 뒤에서 안쪽 가위날을 2/3정도 개폐하여 슬라이싱해 준다.

② 포인트(Point)테크닉

포인트 커트는 하나의 패널을 정렬한 후에 패널과 평행의 블런트가 아닌 30도 이상의 가위의 각도로 톱니바퀴처럼 커트하는 것으로서 모발이 중력으로 떨어졌을 때, 커트라인의 자연스러운 질감을 가질 수 있는 기법이다.

3) 딥포인트(Deep point) 테크닉

딥포인트는 어떠한 부분이 서로 이질감을 갖고 있는 부분을 유합시키는 방법으로 모발이 뭉쳐있거나 상,하부의 밸런스가 맞지 않을 때 연결을 부드럽게 해 주어 하나의 흐름으로 만들어 주는 것을 말하며 커트 시 실수하거나 잘못되었을 때 착시현상을 유도하기도 한다.

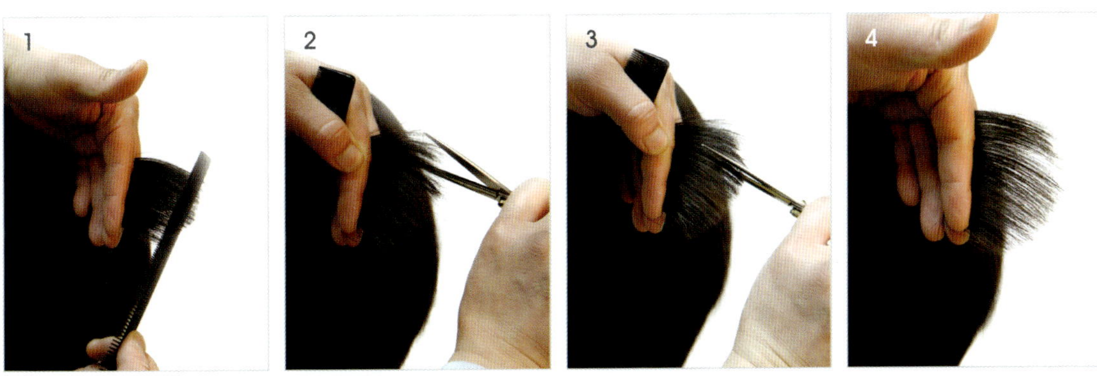

두상으로부터 모질을 평행으로 정렬하며 수직으로 가위가 들어가면서 커트한다.

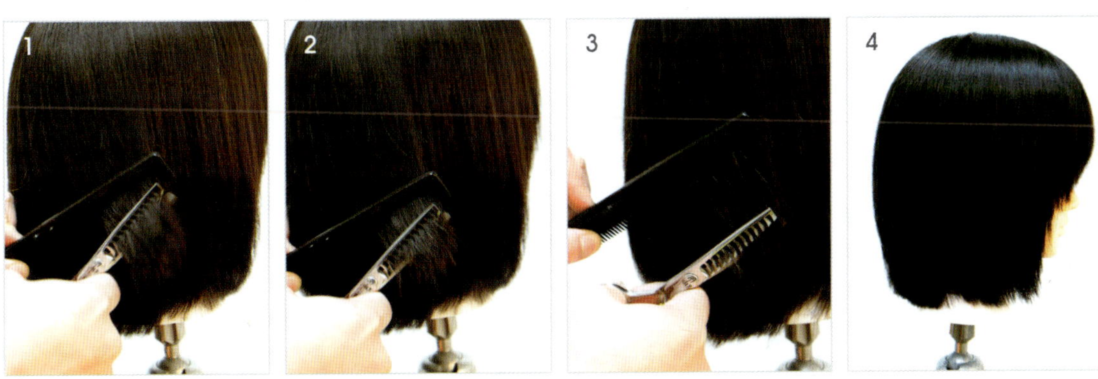

딥포인트로 인해 가늘어지고 모량이 감소되며 시닝가위와 빗을 이용하여 점차 연결해 준다.

CHAPTER 02 _ 테크니컬 커트(Technical cuts)

1. 테크닉 커트의 종류

1) 스윙(Swing)기법

모발을 블런트나 포인트 및 슬라이싱 기법이외에 유선형의 가위로 모발을 모근방향으로 밀어쳐내는 기법이다. 이때 직선이 아닌 곡선으로 부드럽게 가위를 개폐하면서 그네를 타는 듯이 반원을 그리면서 손목을 180도로 왕복운동을 해주며 커트하는 테크닉이다. 이는 스트록의 전신이다.

① 다운 스트록(Down stroke)

모발의 패널을 수직으로 취한 후 가위를 모속으로 밀면서 쳐 내어 준다. 이때 베이직라인의 아웃선을 커트할 것인지 아니면 모속을 커트할 것인지를 결정하면 된다.
다운 스트록은 특히 그래쥬에이션의 라인과 모속의 볼륨감을 표현할 때 주로 쓰인다.

수직패널을 잡고 패널의 가장 아랫단을 가위를 열어준 상태에서 닫아주면서 다운 스윙을 해주면 된다.

패널의 모발도 가늘어 지면서 중력방향으로 떨어진다.

② 사이드 스트록(side strokc)

사이드 스트록은 적당한 무게감과 함께 프리미터라인의 실루엣을 만들 때 유용하게 쓰이면서 가벼운 그래쥬에이션을 만들 때 쓰인다.

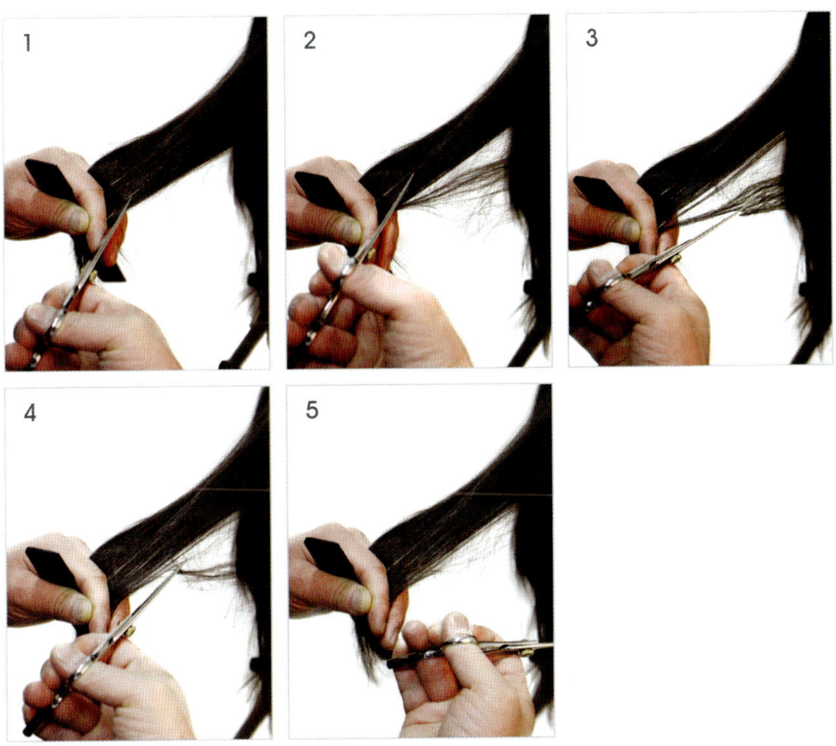

패널을 수평으로 잡고 오른쪽에서부터 가위를 닫아주면서 손목을 회전하면서 오른쪽 밖으로 빠져나간다. (이와 같은 동작을 계속 반복해 주면 된다.)

③ 업 스트록(up stroke)

업스트록은 섀기(shaggy)의 가벼움을 쉽게 표현하며 아웃레이어를 만들 때 유용하고 모발이 밖으로 발 빠지게 할 때 주로 쓰인다.

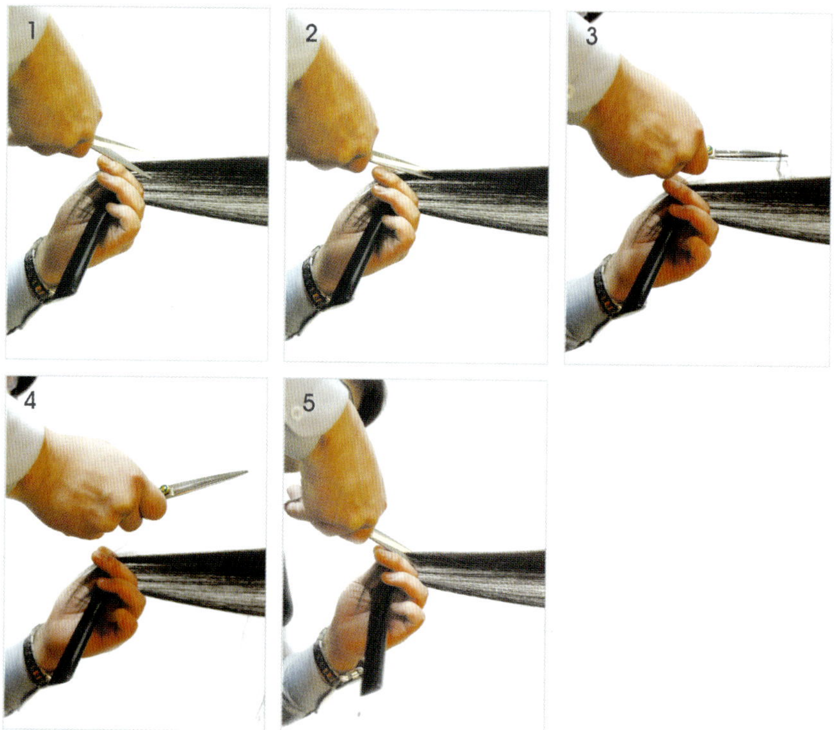

수직패널을 잡고 패널의 가장 아랫단을 가위를 열어준 상태에서 닫아주면서 다운 스윙을 해주면 된다.

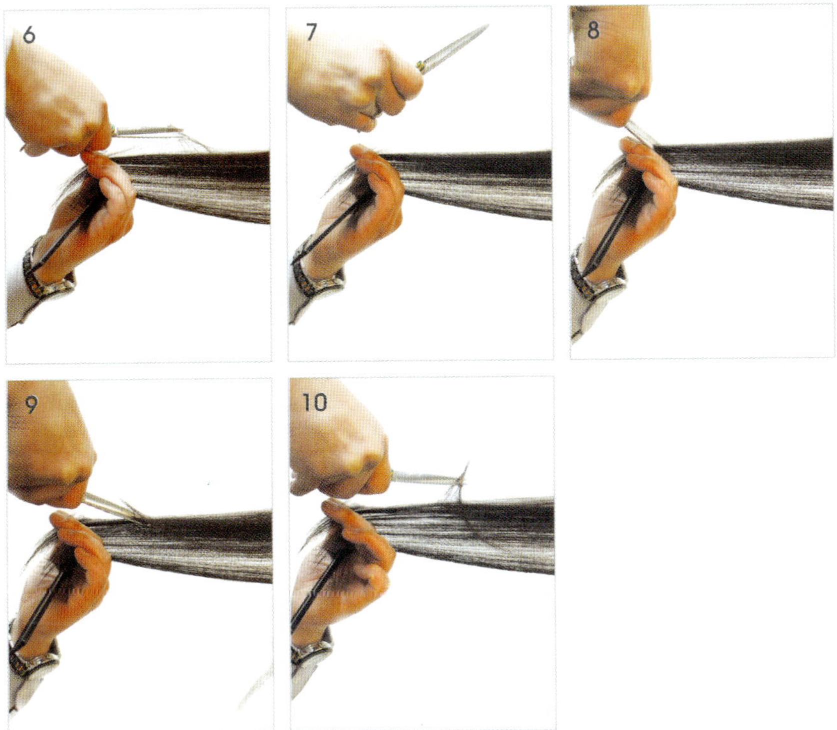

반복적으로 빠르게 진행하면 모발이 가늘게 떨어진다.

CHAPTER 03 _ 볼륨 컨트롤(Volume control)

1. 롤링(Rolling)기법

롤링은 기본가위질을 손목의 스윙을 이용하여 모속에 영향을 주는 테크닉으로 모발 안쪽의 공간을 주면서 가벼움을 줄 수 있다. 이때 손목은 180도의 회전 왕복운동을 해야 한다.

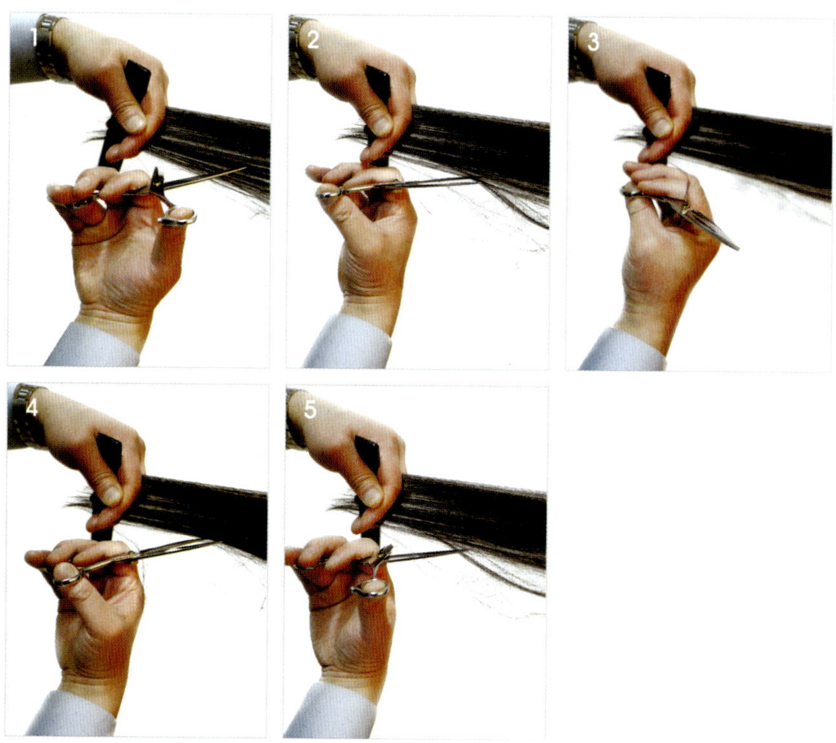

기본가위질에서 손목회전의 스윙을 이용하여 반복해서 커트한다.

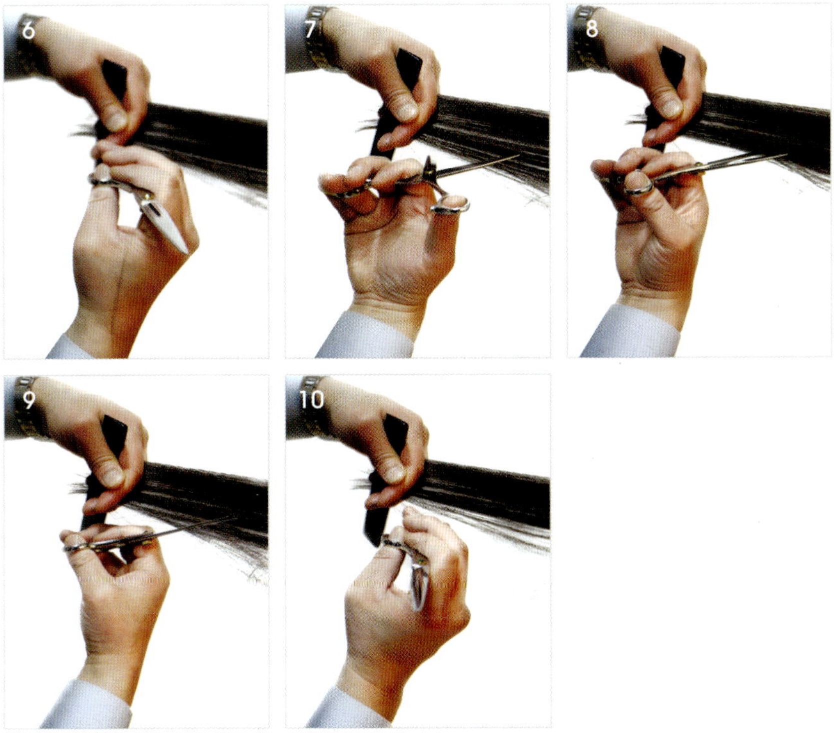

가위와 패널의 각도는 예각의 위치에서 커트하면 샤프하게 잘려나간다.

2. 이펙트(Effect)

이펙트는 모발을 자르는 느낌보다 집어내는 느낌으로 패널 위에서 점점 모속안으로 파고 들어가듯 커트해 주면 된다. 이펙트 후에 펌(permanent wave)을 하면 볼륨은 극대화된다.

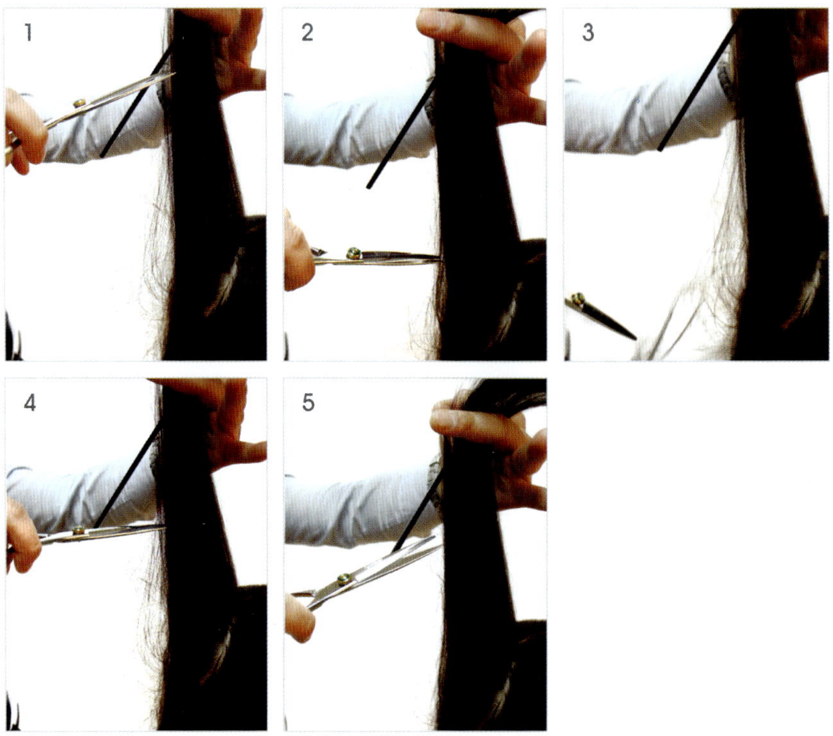

응용가위질에서 가위의 엣지(edge)를 이용하여 패널 가장 위에서부터 가위를 개폐하면서 스윙을 한다.

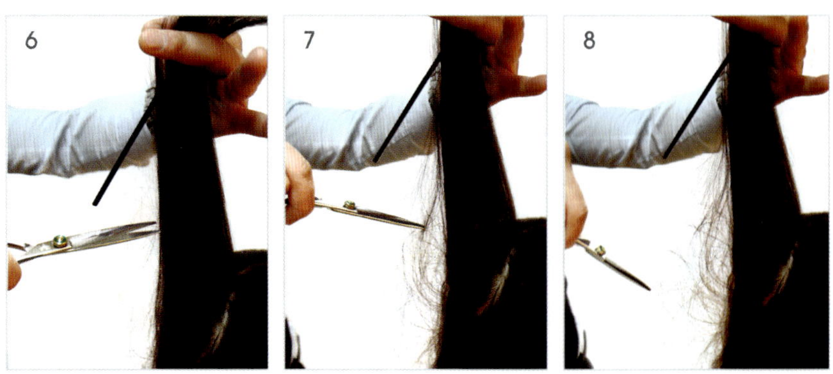

중간아래에서 모근을 향해 스윙해 준다.

3. 역수

역수는 가위의 날이 반대로 향하게 하여 롤링이나 스윙동작으로 커트하는 기법이다. 모발을 쳐내거나 때리는 느낌이 강하며 롤링과 이펙트처럼 모속의 공간감과 움직임이 강해진다.

Ⅰ. 역수롤링

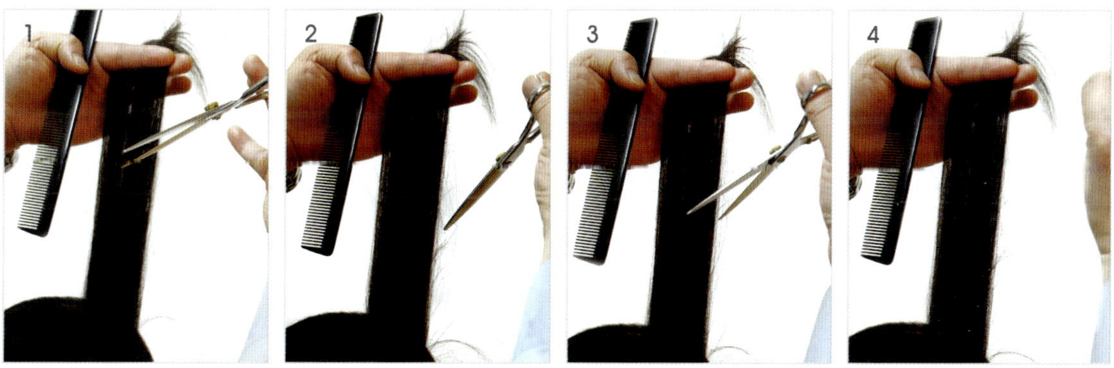

패널을 플라나(planar)로 들어주어 가위를 개방한 후 손목을 비틀면서 커트하여 준다.

Ⅱ. 역수 이펙트

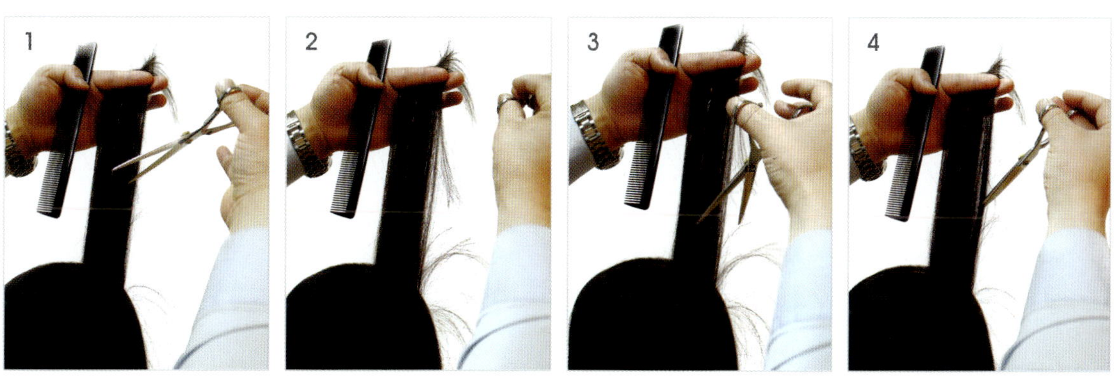

손목을 비틀지 않고 패널안쪽을 가위로 스윙해준다.

용어해설

A

앵글(Angle) 각도로서 헤어커트에서는 천체축(Celestial axis)과 헤드앵글(H.A)의 각도가 있다.

어펙스(Apex) 정수리라고 하며 두상의 가장 높은 융기점 혹은 봉우리

아킹(Aching) 레져(razor)로 패널의 안쪽을 리프트하면서 커트하는 테크닉

어시메트릭(Asymmetry) 좌우의 대칭이 동일하지 않은 비대칭 커트

액티베이티드(Activated) 커트의 무게감이 쌓이지 않고 레이어의 단차가 모두보이는 커트를 뜻한다.(반-Unactivated)

얼터네이션(Alternation) 두 개 그 이상의 요소들이 순차적인 패턴으로 반복 또는 교대

B

블렌드(Blend) 만나거나 결합하는 것, 두 개의 실감과 선들이 안에 섞이는 것

블런트(Blunt) 직선 및 수직으로 커트하는 방법

블록(Block) 섹션이나 존의 디자인적 범위를 포함하거나 아닌 구역을 지칭

블록킹(Blocking) 두상을 큰 덩어리나 한 구획씩 나누어주는 것을 말한다.

뱅(Bang) 눈썹의 위와 아래를 기준으로 수평 또는 컨케이브(concave)로 커트한 앞머리 스타일을 말한다.

바이어스(Bias) 보통은 45도 정도의 사선을 말하며 바이어스 커트를 할 경우 방사상의 라인을 말한다.

보브(Bob) 단발보다 약간 짧으며 사이드의 머리가 턱선에서 떨어지는 스타일

비벨(Bevel) 커트기법 중 하나로 머리위쪽 또는 아래쪽으로 모발의 엔드라인을 비스듬하게 커트하는 것을 말한다.

베이직 레이어(Basic layer) 유니폼(Uniformly)레이어처럼 모든 두상에서 헤드앵글 90로 커트하는 방법이다.

베블 오프(Bevel off) 코너를 제거하는 것(경사, 사각, 사선, 사면)

C

셀레스티얼 엑시스(Celestial Axis) 하나의 정축에서 가로, 세로 및 사선의 8방향을 통해 나타날 수 있는 각도를 대입하는 천체축이다. 수평, 수직, 대각선(좌,우)등을 만들 수 있다.

크로스 포인트(Cross point) 어느 두 개의 선이 교차하면서 만나는 지점을 말한다. 특히 다이어거널 파팅에서 교차되는 부분의 코너를 제거하는 의미에 가깝다.

콤포넌트(Component) 성분 및 구성요소의 의미로 헤어디자인에서 디자인이 되야 하는 요소들을 말한다.

컨버젼 레이어링(Conversion layering) 모발의 한쪽이 고정 가이드라인에서 점차 길어지게 하는 기법으로 전환 및 집중 레이어링이라고 한다.

멀티플 디자인 라인(Multiful design line) 둘이상의 디자인 라인을 지칭하는데 예를 들면 언더존은 고정가이드라인과 오버존의 이동디자인라인이 합쳐져 하나의 통일된 디자인을 기대할 수 있다.

크레스트 에어리어(Crest area) 두상의 인테리어와 익스테리어를 구분해 주는 가장 넓은 부분의 라인 및 골덴포인트에서 네이프포인트 사이의 융기점 라인이 이에 해당된다.

채널커트(Channel cut) 채널은 문지방의 홈처럼 모발의 길이가 문지방의 홈처럼 교대로 대조를 이루게 커트하는 방법이다.

카우릭 파트(Cowlick part) 이마 위에 흐트러진 모발이 일어선 형태. 가르마를 중심으로 하여 모발 흐름에 따라 사방으로 나누는 분할 방법.

센터 파트(Center part) 두상의 정중선을 따라 나눈 선.

코움 컨츄럴(Comb control) 파팅이나 블록을 휭거 대신에 빗을 이용하여 텐션없이 분배하여 커트하는 테크닉.

콘벡스(Convex) 'U' 자 형을 뒤집어 놓은 모양. (반-콘케이브)
콘투어 테이퍼링(Contour tapering) 질감처리 테크닉으로 모발의 밀집을 감소시키는 기법.

D

디스트리뷰션(Distribution) 패널의 빗질의 방향이 이에 해당하며 분배라고도 한다. 분배에는 자연분배, 직각분배, 변이분배 등이 있다.
다운 베이스(Down base) 호리존탈 파팅에서 위쪽의 패널을 아래쪽으로 당기는 베이스.
딥 포인트 커트(Deep point cut) 가위가 패널의 1/3 바깥 지점이 스퀘어가 될 때 직각으로 깊숙이 커트하는 기법.
디멘션(Dimention) 사전적으로 차원, 부피, 면으로 입체가 되는 요소로서 디자인을 위한 커트의 선과 면들의 결합.
덴시티(Density) 특정 구역에서의 모발의 밀집도로 양적인 부분을 말하며 양감처리를 위한 머리숱의 정도를 말함.
다이어거널 백(Diagonal back) 얼굴을 중심으로 머리의 후두부방향으로 점차 길어지는 것으로 후대각 이라고도 한다.
디렉션(Direction) 선과 면이 가는 방향으로 천체축의 방향과 동일하게 적용.
디자인 프린시플(Design principle) 디자인 요소들의 패턴으로 커트에서는 교대(Alternation), 비 조화(Discord), 진행(Progression), 대조(Contrast), 조화(Harmony), 반복(Repetition)등이 있다.
디크리싱(Decreasing) 감소 그래쥬에이션으로 층의 폭이 얼굴에서 후두부로 갈수록 감소한다.

E

익스테리어(Exterior) 크레스트 중심으로 상부와 하부를 나눌 때 하부영역을 말함
엘레베이션 커트(Elevation cut) 엘레베이션은 패널을 들어 올리면서 속도감 있게 커트하는 것을 말한다.
엣지(Edge) 끝단 및 물체의 모서리를 나타내며 포인트 커트에서 나타나는 모양
이븐(Even) 균일하고 규칙적인 커트선(반-언이븐)

F

폼(Form) 형 또는 형상으로 입체감이 느껴지는 실루엣의 3차원 형태.
페더(Feather) 새의 깃털과 같이 또는 붓끝처럼 가늘어지게 만드는 것을 말함.
프린지(Fringe) 프론트 섹션에서의 앞머리가 이마를 덮어 이미지를 연출.
페이스 라인(Face line) 사이드 코너 포인트에서 반대편 동일 포인트까지 라인근처의 모발.
프리 핸드 커트(Free hand cut) 왼손의 패널의 의지 없이 오른손의 감성만으로 커트하는 기법.
핑거 포지션(Finger position) 패널의 엔드라인에서의 손의 위치로 파팅라인에 대해 평행 또는 비 평행으로 커트 형태가 바뀜.

G

가이드(Guide) 가이드는 안내 하다라는 뜻으로 커트시 기준이 되는 선이다.
지오메트릭 커트(Geometric cut) 기하학적인 직선으로 구성된 스타일로 사순커트의 기본개념이다.

H

햄라인(Ham line) 커트용어에서의 햄(Hem)이란 프론트, 사이드, 네이프에서의 모발이 나기 시작한 라인

I

인테리어(Interior) 크레스트(Crest)를 기준으로 상부구역
익스테리어(Exterior) 크레스트(Crest)의 아래구역

인크리싱(Increasing) 증가 그래쥬에이션으로 특히 얼굴방향에서 후두부로 갈수록 층의 폭이 증가한다.
인덴테이션(Indentation) 웨이브의 주기에서 볼륨과 대조되는 움푹 들어간 부분
인레이어드 커트(Inlayered cut) 구조적으로 위에서 아래로 내려감에 따라 안쪽으로 층을 만들어 연결하는 커트이며 그래쥬에이션이 여기에 포함된다.

L

레벨(Level) 기장의 한 부문으로 헤어커트 시 7가지로 떨어지는 머리기장의 위치를 정한다.
라인(Line) 포인트의 연결선
레이어드 텍스춰(Layered texture) 모발끝선이 현저히 보이는 커트로 인크리스와 유니폼레이어가 이에 속한다.

M

모바일 디자인 라인(Mobile Design line) 가이드 라인을 이용하여 패널과 패널간 연결되어 순차적으로 커트해 이동하고 형태를 만드는 하나의 기법.
멀티플 디자인 라인(Multiful design line) 복수디자인 라인, 컨버젼 레이어링 테크닉과 함께 사용하는 두 개 이상의 디자인 라인을 가진다.

N

내츄럴 디스트리뷰션(Natural distribution) 자연 분배라고 하며 빗질의 방향이 중력이 떨어지는 쪽.
나칭(Notching) 모발 길이를 불규칙하게 만들어 내어 두껍게 떨어지는 질감을 만드는데 사용되는 기법.
네이프 라인(Nape line) 목덜미에서 모발이 난 부분

O

온 더 베이스(On the base) 파팅의 양쪽 길이를 가운데 모아 이등변삼각형으로 커트하는 베이스이다.
오프 더 베이스(Off the base) 사이드 베이스보다 더 당겨오는 베이스.
이븐 덤니스(Even dumpness) 모발에 수분이 골고루 분배되어 있는 상태.
일리미네이트 웨이트(Eliminate weight) 쌓여 있는 무게감을 줄여주어 밀착감을 부여함.
원렝스 커트(One length cut) 단차가 없는 같은 길이의 커트
오씨피탈 본(Occipital bone) 네이프섹션과 미들섹션의 경계부위로 후두부의 튀어나온 융기

P

피봇 파팅(Pivot parting) 피봇은 중심축 회전하다의 뜻이며 크라운의 중심부에서 시계방향처럼 골고루 분산한 파팅을 뜻함.
퍼펜디큘러(Perpendicular) 파팅의 베이스가 패널과 직각을 이루는 분배의 법칙.
포인트 커트(Point cut) 패널의 엔드부분을 가위로 톱니처럼 자르는 기법으로 소프함을 만들어 줄 수 있다.
프로젝트(Project) 두상에 따라 0도부터 올라가는 각도.
패러럴(Parallel) 하나의 선분과 다른 하나의 선분이 평행하게 된 상태.
프로포션(Proportion) 사전적으로 비율이라고 하며 정도, 규모, 정도에 따른 비교적 측면에서의 양의 비율을 말함.
프리미터(Perimeter) 헤어라인주위 머리카락의 바깥쪽의 경계.
패널(Pannel) 커트에서는 슬라이스하여 모아준 모발이 직사각형 형태로 잡히는 모양을 말한다.
파트(Part) 모발을 분할하는데 있어 사이드파트, 센터 파트, 노파트로 나누어 진다.
퍼스널 라이징(Personalizing) 커트의 완성도를 주기 위해 양감 및 아웃라인 등을 조절하여 감성적 마무리하는 단계

Q

퀀티테이티브 어날리시스(Quantitative analysis) 존과 섹션의 양적 비례와 비율을 결정 및 분석(양적 분석)
퀄리테이티브 어날리시스(Qualitative analysis) 각 섹션별 영역을 세세히 나누어 분석(질적 분석)

R

릿지 라인(Ridge line) 그래쥬에이션의 폼(Form) 안에서 두 가지로 나누어진 질감의 선을 뜻한다.
렉틸리니어(Rectilinear) 직선의 특성을 가진 보통 남자커트에 적용되며 부드러운 선보다는 딱딱한 선에 가깝다.
레디얼 섹션(Radial section) 골덴 포인트를 포함한 구역이 방사상의 구로 되어있는 영역
렉탱귤러 파트(Rectangular part) 장방형, 스퀘어 모양의 파트
리피티션(Repetition) 반복, 되풀이
루츠(Roots) 모발의 뿌리부분, 두피에 해당된다.

S

사이드 베이스(Side base) 한 면을 파팅선의 직각을 만들어 다른 쪽 면을 당겨오는 베이스(한쪽이 길어짐)
슬리더링(Slithering) 가위를 사용하여 모발을 가볍게 쳐내는 기법
스템 커트(Stem cut) '줄기'라는 뜻에서 루츠부터 모발을 들어 올린 상태에서 뿌리의 볼륨과 양을 위해 쳐내는 커트방법
스트랜드(Strand) 모발 한다발의 양감, 요소, 성분
스트록 커트(Stroke) 가위로 모발을 밀어치기 방법으로 스윙(Swing)이라는 기법과 엘레베이션(Elevation)시켜 쳐내는 커트
시메트리(Symmetry) 좌우가 대조적으로 균형이 맞는 것. 좌우대칭

T

트라이앵귤러(Triangular) 삼각형에 속하는, 삼각모양의
텐션(Tension) 모발을 당겼을 때 느껴지는 긴장감
텍스춰(Texture) 질감이란 뜻으로 머리끝선이 어디에 분포되어 있는지에 따라서 시각적으로 느낌이 다르다.
템플 에어리어(Temple area) 관자놀이의 주변 영역
테이퍼링(Tapering) 레이저를 이용하여 모발을 붓끝처럼 가볍게 표현하는 기법

U

언밸런스(Unbalance) 균형이 잡히지 않은 것, 의도적으로 운동감을 표현한다.
언이븐(Uneven) 규칙적이지 않은 모발의 끝선

V

버티컬 파팅(Vertical parting) 수직에서의 패널의 베이스

W

웨이트(Weight) 헤어 디자인에서 모발이 집중되는 부분
웨트 커트(Wet cut) 베이스커트하기 위해 모발을 물에 100% 적셔서 커트하는 것

찾아보기

ㅎ

INDEX

O

P

R

S

T

U

V

W

EDGE HAIR CUT

2014년 3월 10일 초판발행
2019년 3월 10일 초판2쇄발행

지은이 / 유경원, 강미영, 권오혁, 박수연
이대천, 전선정, 정숙희, 정임전

펴낸이 / 이상태
펴낸곳 / 청구문화사
주 소 / (03706) 서울특별시 서대문구 성산로11길 15
전 화 / 02) 332-0541(代) 팩 스 / 02) 337-9577
등 록 / 1990년 11월 2일 제9-247호

가격 25,000원

ISBN 978-89-5616-581-3 93590